贵州省水利工程建设安全监督工作指南

本书编委会　主编

中国水利水电出版社
www.waterpub.com.cn
·北京·

内　容　提　要

本书是关于贵州省水利工程建设安全监督工作的实用性指南，内容主要包括安全生产监督一般规定、安全生产监督准备工作、实施阶段安全生产监督工作、安全生产监督工作报告、安全生产监督档案管理；附录摘录了安全生产监督规章制度、工作文件和常用的监督工作表格等。全书结合编制单位和有关专家多年的监督工作经验，系统地阐述安全监督工作开展的工作流程、工作要求以及监督工作的主要内容。

本书可供贵州省水利行业安全监督工作的从业人员使用，也可供贵州省内从事水利工程建设的项目法人和监理机构、施工单位的安全管理人员使用。

图书在版编目（CIP）数据

贵州省水利工程建设安全监督工作指南 / 《贵州省水利工程建设安全监督工作指南》编委会主编. -- 北京 : 中国水利水电出版社, 2025. 4. -- ISBN 978-7-5226-3358-9

Ⅰ. TV513-62

中国国家版本馆CIP数据核字第2025V2P578号

书　　名	**贵州省水利工程建设安全监督工作指南** GUIZHOU SHENG SHUILI GONGCHENG JIANSHE ANQUAN JIANDU GONGZUO ZHINAN
作　　者	本书编委会　主编
出版发行	中国水利水电出版社 （北京市海淀区玉渊潭南路1号D座　100038） 网址：www.waterpub.com.cn E-mail：sales@mwr.gov.cn 电话：（010）68545888（营销中心）
经　　售	北京科水图书销售有限公司 电话：（010）68545874、63202643 全国各地新华书店和相关出版物销售网点
排　　版	中国水利水电出版社微机排版中心
印　　刷	天津嘉恒印务有限公司
规　　格	170mm×240mm　16开本　8.5印张　166千字
版　　次	2025年4月第1版　2025年4月第1次印刷
印　　数	0001—2000册
定　　价	**45.00**元

贵州省水利厅

黔水监督函〔2024〕9号

省水利厅关于印发《贵州省水利工程建设安全监督工作指南》的通知

各市（州）水务局，各有关单位：

为深入学习贯彻习近平总书记关于安全生产重要论述和重要指示批示精神，更好统筹水利高质量发展和高水平安全，保障我省水网建设三年攻坚行动和增发国债项目顺利推进，根据《安全生产法》《建设工程安全生产管理条例》《水利工程建设安全生产管理规定》等法律法规的要求，结合我省水利安全工作实际，我厅对原《贵州省水利工程施工现场安全生产监督工作指南》进行了修编，修编后为《贵州省水利工程建设安全监督工作指南》。现印发给你们，请认真贯彻执行。文件印发之日起《贵州省水利工程施工现场安全生产监督工作指南》自动废止。

附件：贵州省水利工程建设安全监督工作指南

贵州省水利厅

2024年10月8日

《贵州省水利工程建设安全监督工作指南》
编 撰 工 作 组

编撰领导小组

组　　长　易　耘

副 组 长　杨　勇　杨光橄

成　　员　李玉霖　祝庄景　李仁刚

审查委员会

主　　任　杨　勇

副 主 任　杨光橄　李玉霖

成　　员　李仁刚　祝庄景　张　健　李　军
　　　　　　朱　明　张　敏　林宇轩　张雅雯
　　　　　　李安君　李　豪　王　志

审查专家　李　军　朱　明　向国兴　兰光裕
　　　　　　杨　华　唐平元　周华平

组织单位

贵州省水利厅

贵州省水利工程建设质量与安全中心

编撰单位

贵州省水利水电勘测设计研究院股份有限公司

编撰委员会

前言

党的二十届三中全会提出，实现高质量发展和高水平安全良性互动，切实保障国家长治久安。为深入践行习近平总书记“节水优先、空间均衡、系统治理、两手发力”治水思路和关于安全生产重要论述指示批示精神，贵州省牢固树立发展决不能以牺牲安全为代价的红线意识，以防范和遏制重特大事故为重点，坚持标本兼治、综合治理、系统建设，统筹推进安全生产领域改革发展，持续强化水利行业安全生产监督工作，不断促进安全监督从业人员更好地掌握水利工程建设安全监督工作的程序、要求和方法，提升水利工程建设安全监督管理工作能力和水平。新时代、新形势下贵州省水利行业高质量发展做好水利安全保障，与时俱进完善水利工程建设和安全监督指南，从顶层设计层面为高质量开展安全监管提供指导支撑。

《贵州省水利工程建设质量和安全监督指南》自2015年发布以来，在规范建设程序、加强质量管控、提高安全意识、加大监管力度等方面发挥了重要作用，为贵州实施大规模水利建设、加快补齐工程性缺水短板提供了有力支撑。随着国家安全生产相关法律法规的不断更新，标准规范相继修订出台，赋予新形势下水利安全生产新的内涵和更高要求。为高质量做好水利工程建设和安全监管工作，贵州省水利厅组织贵州省水利工程建设质量与安全中心和贵州省水利水电勘测设计研究院股份有限公司对《贵州省水利工程建设质量和安全监督指南》的“安全监督”部分进行修编，并更名为《贵州省水利工程建设安全监督工作指南》（以下简称《指南》）。《指南》修编以《贵州省水利工程建设质量和安全监督指南》为基础，进一步深化落实《中华人民共和国安全生产法》《建设工程安全生产管理条例》《水利工程建设安全生产管理规定》《贵州省安全生产条例》

《建设工程质量管理条例》《水利工程质量监督管理规定》等法律法规，结合实践经验逐步完善水利工程建设项目施工现场安全监督机制、流程、监督工作的主要内容及监督常用模板和检查表格，规范安全监督行为。

自2023年9月启动《指南》修编工作以来，先后历经6次修改完善。水利部印发《水利安全生产风险管控“六项机制”实施工作指南（2024年版）》后，贵州省水利厅结合有关要求进一步修改完善，形成《贵州省水利工程建设安全监督工作指南》。

修编后的《指南》包含总则、主要依据、术语、安全生产监督一般规定、安全生产监督准备工作、实施阶段安全生产监督工作、安全生产监督工作报告、安全生产监督档案管理和附录，共计9个部分。《指南》修编采取分工负责和统稿审核的方式，杨光檄、李玉霖、李仁刚总负责，王朝军、向国兴、兰光裕负责组织编写。编写过程中，胡玥、胡兴昕、景安、安烈、顾肖霞、李莎莎参与第1、第2、第3、第4、第8章、附录等内容的编写，张珍惜、屈海、江滋伟、闫泽涛、吴东林、黄初华、李豪参与第5～7章、附录等内容的编写。其他参与编写及审核的人员有祝庄景、张健、李军、林宇轩、张敏、张雅雯、朱明、李安君、王志、颜勇、马思烈、陈军、杜鹏、邓瑞振、张思远等。

《指南》的修编得到了贵州省水利厅、各市（州）、县（市、区）水务局以及贵州省内多年从事监督工作的有关领导和专家的大力支持，特别感谢《贵州省水利工程建设质量和安全监督指南》主编李军，副主编易耘、张涛、朱明、丰启顺、刘建军，主要编写人员及参加工作人员黄景中、李玉霖、陈开军、朱绪乾、陈福强、张亚、杨华云、陈义东、张志权、许清天、黄郅淋、吕鑫武、赵鹏飞，他们为原稿付出的辛勤劳作，也为本次修编工作打下了坚实的基础。

由于监督工作仍在不断完善和探索中，加之修编人员水平有限，时间仓促，难免存在不足，敬请业内人员提出宝贵意见，并将遇到的问题反馈至贵州省水利厅。

本书编委会

2024年11月

目录

MULU

1 总　　则

（1）为加强贵州省水利工程施工现场安全生产监督管理和提高监督效能，明确安全生产责任，规范水利工程施工现场安全生产监督行为，防止和减少安全生产事故，保障人民群众生命和财产安全，从源头上防范化解重大安全风险，遏制重特大事故发生。

（2）水利安全生产监督管理应当以人为本，坚持人民至上、生命至上，统筹发展和安全；坚持安全第一、预防为主、综合治理的方针，坚持“党政同责、一岗双责、齐抓共管、失职追责”，落实“管行业必须管安全、管业务必须管安全、管生产经营必须管安全”，完善安全生产风险排查整治和责任倒查机制。

（3）《指南》适用于贵州省境内水行政主管部门监管的按基本建设程序新建、扩建、改建、加固和拆除等工程项目的安全监督工作，其他工程项目可参照执行。

（4）现场安全监督时限：水行政主管部门或其委托的水利安全生产监督机构接受项目法人提交申请发放告知书后开始，至工程完工验收时止。

（5）贵州省内各级水行政主管部门按照属地管理为主和分级管理相结合的原则，负责行政区域内水利工程施工现场安全生产监督管理工作；贵州省境内水利行业负责管理的各类在建水利工程，均要落实政府全面监督管理责任，实现水利工程建设安全监督全覆盖；受水行政主管部门委托的安全生产监督机构，在其授权范围内对工程的施工现场开展安全监督工作。

（6）各级水行政主管部门或其委托的安全生产监督机构对水利工程施工现场的安全生产监督，不代替各参建单位应履行的安全生产主体职责，也不代替其他各级水行政主管部门履行安全生产监督管理的职责。

2 主 要 依 据

2.1 法 律 法 规

(1)《中华人民共和国安全生产法》。

(2)《中华人民共和国建筑法》。

(3)《中华人民共和国防洪法》。

(4)《建设工程安全生产管理条例》。

(5)《生产安全事故报告和调查处理条例》。

(6)《生产安全事故应急条例》。

(7)《贵州省安全生产条例》。

2.2 部 门 规 章

(1)《水利工程建设安全生产管理规定》。

(2)《水利工程项目建设管理规定》。

(3)《水利工程建设程序管理暂行规定》。

(4)《安全生产事故隐患排查治理暂行规定》。

2.3 规 范 性 文 件

(1)《水利安全生产监督管理办法(试行)》(水监督〔2021〕412号)。

(2)《构建水利安全生产风险管控“六项机制”的实施意见》(水监督〔2022〕309号)。

(3)《工程项目生产安全重大事故隐患清单指南(2023年版)》(办监督〔2023〕273号)。

(4)《水利水电工程施工危险源辨识与风险评价导则(试行)》(办监督函〔2018〕1693号)。

(5)《水利部关于开展水利安全风险分级管控的指导意见》(水监督〔2018〕323号)。

(6)《水利部关于进一步加强水利生产安全事故隐患排查治理工作的意见》(水安监〔2017〕409号)。

(7)《水利部关于进一步做好在建水利工程安全度汛工作的通知》(水建设

〔2022〕99 号）。

(8)《水利部印发〈关于加强在建水利工程安全度汛工作的指导意见〉的通知》（水建设〔2024〕16 号）。

(9)《水利安全生产信息报告和处置规则》（水安监〔2016〕220 号）。

(10)《企业安全生产费用提取和使用管理办法》（财资〔2022〕136 号）。

(11)《水利部关于印发关于推进水利工程建设安全生产责任保险工作的指导意见》（水监督〔2023〕347 号）。

(12)《省水利厅关于印发贵州省水利安全风险分级管控实施办法（试行）的通知》（黔水监督〔2020〕1 号）。

(13)《贵州省水利厅关于印发〈关于进一步明确贵州省水利工程建设安全监督责任的意见〉的通知》（黔水监督〔2020〕16 号）。

(14)《省安委办关于切实加强生产经营单位全员安全生产责任制工作的通知》（黔安办〔2022〕14 号）。

(15)《省安委办关于抓好重大事故隐患闭环整改的通知》（黔安办〔2023〕8 号）。

(16)《贵州省水利安全生产风险管控"六项机制"实施细则（试行）的通知》（黔水监督〔2023〕15 号）。

2.4 技术标准

(1)《建设工程施工现场供用电安全规范》(GB 50194)。

(2)《水利水电工程劳动安全与工业卫生设计规范》(GB 50706)。

(3)《建设工程施工现场消防安全技术规范》(GB 50720)。

(4)《施工脚手架通用规范》(GB 55023)。

(5)《水利水电建设工程验收规程》(SL 223)。

(6)《水利水电工程施工通用安全技术规程》(SL 398)。

(7)《水利水电工程土建施工安全技术规程》(SL 399)。

(8)《水利水电工程机电设备安装安全技术规程》(SL 400)。

(9)《水利水电工程施工作业人员安全操作规程》(SL 401)。

(10)《水利水电工程施工安全防护设施技术规范》(SL 714)。

(11)《水利水电工程施工安全管理导则》(SL 721)。

(12)《水利安全生产标准化通用规范》(SL/T 789)。

(13)《水利工程建设强制性条文》。

3 术　　语

（1）水利水电工程建设安全生产：在水利水电工程建设实施（从事新建、扩建、改建、加固和拆除等作业）阶段，防止和减少生产安全事故，消除或控制危险和有害因素，保障人身安全与健康、设备设施免受损坏、环境免遭破坏的总称。

（2）施工现场：水利建设项目施工企业和人员按照合同及法律法规规定进行工程施工活动，经批准占用的施工场地。包括项目法人划定的区域和场所、施工企业和人员为完成工程产品而租用或购买地域或场所，以及生产活动中临时占用的公共区域和场所等。

（3）水利安全生产监督机构：依照法律法规及规范等设立，专门对水利行业安全生产工作进行监督的机构或部门。

（4）水利工程建设安全生产监督：水行政主管部门或其委托的水利安全生产监督机构（以下统称“安全生产监督机构”），按照有关安全生产的法律法规、规章和技术标准，对水利工程施工现场实施监督检查，监督安全生产责任主体依法承担建设工程安全生产责任。

（5）危险源：在水利水电工程施工过程中有潜在能量和物质释放危险的，可造成人员伤亡、健康损害、财产损失、环境破坏，在一定的触发因素作用下可转化为事故的部位、区域、场所、空间、岗位、设备及其位置。

（6）风险评价：对危险源在一定触发因素作用下导致事故发生的可能性及危险程度等进行调查、分析、论证等，以判断危险源风险程度、确定风险等级的过程。

（7）重大危险源：在水利水电工程施工过程中有潜在能量和物质释放危险的，可能导致人员死亡、健康严重损害、财产严重损失、环境严重破坏，在一定的触发因素作用下可转化为事故的部位、区域、场所、空间、岗位、设备及其位置。

（8）事故隐患：生产经营单位违反安全生产法律法规、规章、标准和安全生产管理制度的规定，或者因其他因素在生产经营活动中存在的可能导致不安全事件或事故发生的物的不安全状态、人的不安全行为、环境的不安全因素和生产工艺、管理上的缺陷。

（9）一般事故隐患：危害或整改难度较小，发现后能够立即整改排除的隐患。

(10) 重大事故隐患：危害或整改难度较大，需要全部或局部暂停施工，并经过一定时间整改治理方能排除的隐患，或者因外部因素影响致使参建单位自身难以排除的隐患。

(11) 危险性较大的单项工程：施工过程中存在的、可能导致作业人员群死群伤或造成重大不良社会影响的单项工程。

(12) 专项施工方案：施工单位在编制施工组织设计的基础上，针对危险性较大的单项工程编制的安全技术措施文件。

(13) 应急预案：为有效预防控制突发公共事件的发生，或者在突发公共事件发生后能够采取有效应对处理措施，防止事态和不良影响扩大，最大限度减少人民生命财产损失，而预先制定的事前预防和事后处置的工作方案。

(14) 生产安全事故：生产经营单位在生产经营活动中发生的造成人身伤亡或者直接经济损失的事件。

(15) 安全生产费用：施工单位按照规定标准提取，在成本中列支，专门用于完善和改进项目安全生产条件的资金。

(16) 水利工程建设安全生产责任保险：由施工企业购买包括投保项目的施工企业因生产安全事故造成的从业人员（含劳务分包单位从业人员、劳务派遣人员、灵活用工等）人身伤亡赔偿，第三者人身伤亡和财产损失赔偿，事故抢险救援、医疗救护、事故鉴定、法律诉讼等费用。

4　安全生产监督一般规定

4.1　安全生产监督机构及职责

（1）贵州省水利工程施工现场安全生产监督工作由各级水行政主管部门或其委托的水利安全生产监督机构承担（以下统称“安全生产监督机构”），负责职责范围内水利工程施工现场的监督工作。水行政主管部门未委托水利安全生产监督机构的，由该水行政主管部门组织开展施工现场安全生产监督工作。

（2）安全生产监督机构主要职责如下：

1）贯彻执行国家及行业有关安全生产管理的法律法规、规章、水利工程建设标准、强制性条文和技术标准，并监督实施。

2）制定水利工程安全生产监督工作制度和管理制度。

3）组织实施职责范围内的水利工程施工现场安全生产监督工作。

4）组织水利工程安全生产监督工作交流与人员培训。

5）受水行政主管部门的委托，组织开展各类安全专项检查工作。

6）参与或配合水利工程生产安全事故的调查工作。

各级水行政主管部门应按照《贵州省水利厅关于印发〈关于进一步明确贵州省水利工程建设安全监督责任的意见〉的通知》（黔水监督〔2020〕16号）落实安全生产监督责任。

（3）为保障安全生产监督机构监督检查工作顺利开展，依法依规向同级财政申请监督工作经费，落实人员、组织业务培训和配备必要的工作装备等。

4.2　安全生产监督人员及职责

（1）安全生产监督人员应具备以下条件：

1）具有相关专业中专及以上学历，从事水利行业安全管理相关工作2年及以上。

2）具有良好的职业道德，能坚持原则、秉公履责。

3）熟悉水利工程建设安全生产相关法律法规、规章和国家标准或者行业标准规定，了解水利工程项目管理程序和水利工程施工特点。

（2）安全生产监督人员岗位职责如下：

1）安全生产监督机构主要负责人对该机构安全生产监督管理工作负责。

2）现场安全生产监督人员在本监督机构负责人的领导下按照分工对所监督的工程项目施工现场的安全生产监督工作负责。

4.3 安全生产监督工作职权

安全生产监督机构依法履行安全生产监督检查职责时，有权采取下列措施：

（1）进入生产经营单位进行检查，调阅有关资料，向有关单位和人员了解情况。

（2）对检查中发现的安全生产违法行为，当场予以纠正或者要求限期改正；对依法应当给予行政处罚的行为，依照有关行政法规的规定向有关职能部门提出处罚建议。

（3）对检查中发现的事故隐患，应当责令立即排除；重大事故隐患排除前或者排除过程中无法保证安全的，应当责令从危险区域内撤出作业人员，责令暂时停产停业或者停止使用相关设施、设备；重大事故隐患排除，经验收同意后，方可恢复生产经营和使用。

（4）对发现不符合保障安全生产的国家标准或者行业标准的设施、设备、器材以及违法生产、储存、使用、经营、运输的危险物品应及时制止，并及时向有关职能部门提出处罚建议。

（5）对拒绝、阻碍监督检查的，责令改正；对安全生产违法行为，依据《中华人民共和国安全生产法》和其他有关法律、行政法规，及时报告水行政主管部门，并提出处罚建议。

（6）有权受理有关安全生产的举报；受理的举报事项经调查核实后，应当形成书面材料；需要落实整改措施的，报经有关负责人签字并督促落实。对不属于本部门职责、需要由其他有关部门进行调查处理的，转交其他有关部门处理。

（7）有权将监督检查和举报查实的重大安全问题形成专题报告，报上级水行政主管部门。

4.4 安全生产监督工作制度

安全生产监督机构应建立健全水利工程安全生产监督工作制度（附录1），主要工作制度应包括以下内容：

（1）安全生产监督机构管理制度。

（2）安全生产监督检查制度。

（3）安全生产监督教育培训制度。

（4）安全监督工作考核制度。

（5）安全生产监督工作会议制度。

（6）安全生产信息填报制度。

（7）安全事故隐患监督管理制度。

（8）安全生产监督档案管理制度。

（9）安全生产监督廉政建设管理制度。

4.5 安全生产监督检查方式、方法及要求

4.5.1 安全生产监督检查方式

安全生产监督机构在监督准备工作时的主要方式包括：审核、备案项目法人提交的安全生产监督申请及相关工程项目安全管理资料，下发有关安全监督告知书等；工程建设项目施工现场安全生产监督检查主要方式为日常检查、安全巡查，也可采用专项安全检查和“四不两直”等多种监督检查。

4.5.2 安全生产监督检查方法

安全生产监督机构通过现场查看、问询、听取参建单位汇报、座谈了解、档案资料抽查等多种方法开展工作。

4.5.3 安全生产监督检查要求

（1）施工现场监督检查频次。根据分级管理原则，省、市、县级对职责范围内的每个监督项目在工程建设高峰期每季度开展安全监督检查不少于1次，非高峰期每年不少于2次；完工验收后，可视情况开展施工现场安全监督检查。

（2）开展施工现场安全生产监督检查时，检查人员原则上不少于2人，可视情况聘请专家参与检查。

（3）每次安全监督检查完成后应形成书面的检查资料，发现存在问题的要及时下发整改通知单。

4.6 安全生产监督内容及工作流程

4.6.1 安全生产监督内容

（1）接受安全生产监督申请。工程开工前，项目法人应填写《贵州省工程施工现场安全生产监督申请书》（格式见附录2），按照分级管理的规定，向水行政主管部门或其委托的安全生产监督机构提交施工现场安全生产监督申请，并提供工程项目的危险性较大的单项工程清单及管理措施、危险源辨识与安全风险评价报告。

（2）印发《贵州省水利工程建设安全生产监督告知书》。安全生产监督机构收到申请后，满足安全生产监督受理条件的，5个工作日内下达《贵州

省×××工程安全生产监督告知书》（格式见附录3）。

（3）保证安全生产措施方案备案。项目法人应在工程开工之日起15个工作日内填写《安全技术措施备案表》（格式见附录4），将《保证安全生产措施方案》报安全生产监督机构备案。

（4）编制安全生产监督工作计划。安全生产监督机构应根据项目工程建设安排和要求，结合工程项目安全生产特点，编制安全生产监督工作总计划，对跨年度实施的工程应编制安全生产监督年度工作计划（格式见附录5和附录6）。

（5）安全生产监督交底。首次进入工程项目施工现场进行安全生产监督检查时，安全生产监督机构应结合工程项目施工安全环境和施工特点，按照《贵州省水利工程建设安全生产监督交底书》（格式见附录7）开展安全生产监督交底工作，并填写《贵州省水利工程建设安全生产监督交底记录表》（格式见附录8）。

（6）拆除或者爆破工程相关资料备案。水利工程建设涉及拆除或者爆破的，项目法人按要求填写安全技术措施备案表，应在拆除或爆破工程开工15日前报安全生产监督机构进行备案。

（7）检查安全生产管理体系建立及运行情况。在安全生产监督机构进行交底后，参照《贵州省水利工程建设安全生产管理体系建立情况检查表》及《贵州省水利工程建设安全生产管理体系运行情况检查表》（格式见附录9和附录10），对进场的参建单位的安全生产管理体系建立及运行情况开展检查。

（8）检查安全风险管控“六项机制”落实情况。安全生产监督机构对参建单位安全生产风险管控“六项机制”中查找机制、研判机制、预警机制、防范机制、处置机制、责任机制的执行情况和事故隐患排查情况进行监督检查（检查表格式见附录11）。

（9）检查安全生产费用管理情况。根据《企业安全生产费用提取和使用管理办法》（财资〔2022〕136号）规定，对项目安全生产费用概算、提取、使用、投保、事故预防服务等开展监督检查（检查表格式见附录12）。

（10）施工现场安全生产监督检查。应结合工程项目进展情况，采取抽查或重点检查形式对施工现场进行检查，并填写《贵州省水利工程建设安全生产监督检查表》（格式见附录13），明确整改时限、整改要求和建议，将《贵州省水利工程建设安全生产监督检查表》提交项目法人。如发现存在重大事故隐患，形成专报逐级上报。

（11）安全生产事故隐患整改销号。督促项目法人组织参建单位及时对检查发现的安全隐患问题进行整改及回复，复核整改情况满足要求后销号，不满足要求的督促项目法人整改落实到位。

（12）编制安全生产监督工作报告。安全生产监督机构在工程项目的机组启动验收、阶段验收、技术预验收、竣工验收时，应编写提交安全生产监督工作报告，项目法人应提前 5 个工作日告知验收会议时间，以便进行安全监督工作报告的编制。

（13）督促项目法人在“水利部安全生产信息填报系统”上进行危险源、安全隐患的填报。

（14）参与上级主管部门安排的其他安全监督检查活动。

（15）工程项目安全生产监督档案管理。安全生产监督档案应及时收集、整理、归档，按照《安全生产监管档案管理规定》（安监总办〔2007〕126 号）的相关要求，对安全监督中形成的安全档案资料进行归档保管（有关表格样式见附录 14）。

4.6.2 安全生产监督工作流程

安全生产监督工作流程如图 4.1 所示。

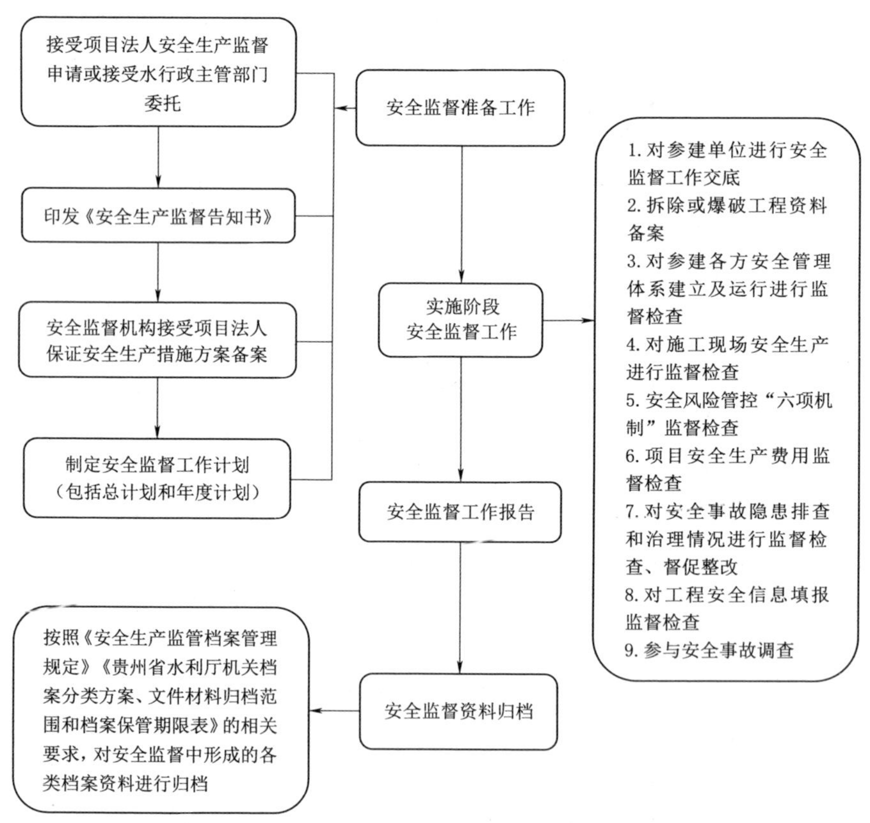

图 4.1　安全生产监督工作流程

5 安全生产监督准备工作

5.1 接受安全生产监督申请

工程开工前，项目法人按要求填写《贵州省工程施工现场安全生产监督申请》(格式见附录 2)，根据《贵州省水利厅关于印发〈关于进一步明确贵州省水利工程建设安全监督责任的意见〉的通知》（黔水监督〔2020〕16号）的相关要求，项目法人按照分级管理的原则向安全生产监督机构提交申请。

项目法人在办理安全监督手续时，必须同时提交以下资料：

(1) 工程及参建单位基本信息（见附录 2 的附件 1)。

(2) 工程项目危险性较大的单项工程清单及管理措施（见附录 2 的附件 2)。

(3) 项目法人及现场管理机构组建批复文件。

5.2 保证安全生产措施方案备案

(1) 项目法人应当组织编制保证安全生产措施方案，并填写《安全技术措施备案表》(格式见附录 4)，在工程开工之日起 15 个工作日内将保证安全生产措施方案报安全生产监督机构备案。方案应根据有关法律法规、强制性标准和技术规范的要求并结合工程的具体情况编制，应当包括以下内容：

1) 项目概况。

2) 编制依据和安全生产目标。

3) 安全生产管理机构及相关负责人。

4) 安全生产的有关规章制度制定情况。

5) 安全生产管理人员及特种作业人员持证上岗情况等。

6) 重大危险源监测管理和安全事故隐患排查治理方案。

7) 生产安全事故的应急救援预案。

8) 工程度汛方案或措施。

9) 其他有关事项。

(2) 项目建设过程中安全生产的情况发生变化时，应当及时对保证安全生产的措施方案进行调整，并报原备案机关。

5.3 安全生产监督告知

安全生产监督机构在收到项目法人报送的安全生产监督申请后，所提交的申请材料满足要求的，于5个工作日内印发《贵州省水利工程建设安全生产监督告知书》（格式见附录3）。

5.4 安全生产监督工作计划

（1）安全生产监督机构须根据安全生产监督工作安排和要求，结合工程项目安全生产特点，接受监督申请后15日内编制工程项目的安全生产监督工作计划。工程项目安全生产监督工作计划包括：安全生产监督工作总计划（格式见附录5），跨年度的应编制安全监督年度工作计划（格式见附录6），并以书面形式下发。

（2）安全生产监督工作总计划。安全技术措施备案后，安全生产监督机构应结合安全生产监督工作要求，由监督机构负责人组织有关人员编制工程项目的安全生产监督工作总计划，明确工程项目安全生产监督联系人，并以书面形式发送项目法人。总计划须明确安全生产监督工作依据、工作方式、检查范围、检查方法、检查要求和时间安排等，主要应包括以下内容：

1）工程概况。

2）参建单位基本情况。

3）安全生产监督工作的依据。

4）安全生产监督的范围及工作要求。

5）安全生产监督的组织形式及人员组成。

6）安全生产监督工作方式、计划及主要安全生产监督工作内容。

7）对参建各方的要求。

（3）安全监督年度工作计划。工程项目跨年度的，安全生产监督机构应依据安全生产监督总计划和项目施工进度计划，在每年年初制定安全监督年度工作计划。年度工作计划须对安全监督检查年度工作重点及范围、检查方案、检查时间等作具体要求，主要应包括以下内容：

1）年度工程主要施工内容。

2）安全监督的组织形式及工作方式。

3）年度安全监督重点。

4）其他要求。

6 实施阶段安全生产监督工作

6.1 安全生产监督交底

（1）发放安全生产监督告知书后，原则上于30日内进入工程项目开展首次施工现场安全生产监督检查，应结合工程项目施工环境和特点，按照《贵州省水利工程建设安全生产监督交底书》（格式见附录7）的内容开展安全生产监督交底工作。

（2）安全生产监督机构应当组织项目法人、设计、监理、施工等单位项目主要安全生产负责人（包括项目法人主要负责人、安全生产机构负责人，设计单位项目负责人，监理单位总监理工程师，施工单位项目经理、安全生产管理负责人、技术负责人、专职安全员等）召开安全监督交底会议。安全监督交底应填写《贵州省水利工程建设安全生产监督交底记录表》（格式见附录8）并印发相关单位。

（3）交底应包括以下主要内容：

1）安全生产监督工作依据。

2）安全生产监督联系人及联系方式。

3）安全生产监督工作的主要方式。

4）安全生产监督工作的主要内容及重点。

5）安全生产监督举报制度及举报方式。

6）安全生产事故报告和调查程序及要求。

7）其他事项。

6.2 拆除或爆破方案备案

在拆除或者爆破工程施工15日前，项目法人应填写《安全技术措施备案表》（格式见附录4），将下列资料报安全生产监督机构备案。

（1）拟拆除或爆破的工程及可能危及毗邻建筑物的说明。

（2）施工组织方案。

（3）堆放、清除废弃物的措施。

（4）生产安全事故的应急救援预案等。

（5）拆除或爆破工程施工单位的资质。

6.3 安全生产管理体系建立情况检查

安全生产监督交底后，对已进场的参建单位进行安全生产管理体系建立情况进行检查，可按照《贵州省水利工程建设安全生产管理体系建立情况检查表》（格式见附录9）开展检查；安全生产管理体系建立情况检查后有新进场的单位的，项目法人应及时通知安全生产监督机构，安全监督机构应及时开展检查。体系建立检查主要内容如下：

（1）检查项目法人、施工单位成立的安全生产领导小组、安全生产管理机构组建情况。

（2）检查各参建单位的资质等级证书，各参建单位安全生产管理人员配置情况，施工单位（设备制作、安装单位）安全生产许可证的有效性，三类人员的安全考核合格证书、特种作业人员的特种作业操作证的合规等情况。

（3）检查各参建单位安全生产总目标和年度目标的制定等情况。

（4）检查各参建单位的全员安全生产责任制和安全生产规章制度建立情况，检查各参建单位项目负责人、安全生产管理人员及其他人员的安全生产分工、岗位职责，安全生产主体责任清单及岗位责任清单建立情况。

（5）检查有合同关系的参建单位之间是否签订安全生产责任书，单位内部是否逐级签订安全责任书。

（6）检查各参建单位的安全生产管理计划、安全生产费用提取和使用计划、安全生产教育培训计划等。

（7）检查各参建单位安全生产风险管控“六项机制”建立情况，具体检查内容见6.6节。

（8）检查工程项目各个标段的施工单位购买安全生产责任保险的情况，检查项目法人和监理机构督促情况。

6.4 安全生产管理体系运行情况检查

项目各参建单位安全生产管理体系建立并运行后，安全生产监督机构应对项目各参建单位安全生产管理体系运行情况进行检查，可按照《贵州省水利工程建设安全生产管理体系运行情况检查表》（格式见附录10）开展检查。

6.4.1 项目法人

对项目法人的安全生产体系运行情况监督检查的主要内容如下：

（1）检查安全生产年度目标的制定、分解、实施、考核等情况，是否以文件形式发布。

（2）检查安全生产管理机构人员到位履职及变更情况，安全生产管理人员履职情况。

(3) 检查项目法人安全管理规章制度、安全管理岗位职责、全员安全生产责任制落实情况。

(4) 检查执行法律法规、强制性标准及有关规定的情况。

(5) 检查安全生产费用审核审批、支付及安全宣传、教育培训等情况。

(6) 检查专项施工方案的备案情况。

(7) 检查保证安全生产措施方案的执行情况。

(8) 检查安全生产风险管控“六项机制”实施情况，重点检查重大危险源辨识、安全风险评价及管控、事故隐患排查治理等。具体检查内容见6.6节内容。

(9) 检查对其他参建单位开展安全生产检查的情况。

(10) 检查度汛方案、超标洪水应急预案以及项目生产安全事故应急救援预案等的编制、报备及组织演练情况。

(11) 检查安全生产隐患信息填报、安全生产事故报告情况。

(12) 检查安全生产事故处理情况。

(13) 检查对参建单位的安全生产管理考核评价报告及记录等资料。

6.4.2 勘察、设计单位

对勘察、设计单位的安全生产体系运行情况监督检查的主要内容如下：

(1) 检查安全生产年度目标的制定、分解、实施、考核等情况，是否以文件形式发布。

(2) 检查勘察、设计单位是否按照法律法规和工程建设强制性标准开展自查工作；是否落实前期设计各阶段的审查修改意见。

(3) 检查设计单位是否考虑施工安全操作和防护的需要，对涉及施工安全的重点部位和环节是否在设计文件中注明，是否对防范生产安全事故提出指导意见。

(4) 检查是否开展设计代表服务及现场交底工作。

(5) 检查安全生产风险管控“六项机制”实施情况，是否参与危险源辨识和安全风险评价。具体检查内容见6.6节内容。

(6) 检查采用新技术、新材料、新结构、新工艺以及特殊结构的水利工程，设计单位是否在设计中提出保障施工作业人员安全和预防生产安全事故的措施建议。

6.4.3 监理单位

对监理单位的安全生产体系运行情况监督检查的主要内容如下：

(1) 检查安全生产年度目标的制定、分解、实施、考核等情况，是否以文件形式发布。

(2) 检查监理人员配置、人员变更、到岗履职等情况。

（3）检查安全管理规章制度、安全管理岗位职责落实情况。

（4）检查监理大纲、监理规划、安全监理实施细则、安全检查计划等文件执行情况，检查开展安全管理工作形成的监理安全通知、指令、监理会议纪要、检查记录等。

（5）检查执行法律法规、部门规章及有关规定的情况，与安全生产有关的工程建设强制性标准执行情况。

（6）检查对设计文件的符合性及强制性标准执行的审查情况。

（7）检查对施工单位编制的度汛方案、超标洪水应急预案，以及施工现场生产安全事故应急救援预案、专项施工方案的审核及批准情况，按规定组织专项验收情况。

（8）检查监理单位的安全宣传、教育培训情况。

（9）检查督促施工单位安全生产风险管控“六项机制”执行的情况。具体检查内容见 6.6 节内容。

（10）检查对施工单位安全生产目标及安全生产工作检查评价的情况。

6.4.4 施工单位

对施工（设备制造安装）单位的安全生产体系运行情况监督检查的主要内容如下：

（1）检查安全生产年度目标的制定、分解、实施、考核等情况，是否以文件形式发布。

（2）检查施工资质及安全生产许可证书有效性。

（3）检查安全生产管理机构、人员配置、人员变更、到岗履职及全员安全生产责任制落实情况。

（4）检查执行法律法规、工程建设强制性标准、规范及有关规定的情况。

（5）检查施工安全管理规章制度、安全管理岗位职责、操作规程等。

（6）检查施工单位开展安全管理过程中形成的安全通知、安全生产会议记录等。

（7）检查安全生产费用的提取、使用记录及台账，特种设备、安全防护用品台账。

（8）检查各标段施工单位投保的工伤保险、安全生产责任保险凭证。

（9）检查安全技术措施、专项施工方案的编制及执行情况。检查危险性较大的工程部位的安全防护措施专项验收自查资料。

（10）检查施工单位编制的度汛方案、超标准洪水应急预案、施工现场生产安全事故应急救援预案，以及监理单位的审核批准意见。检查开展度汛、超标洪水和事故应急救援演练总结及影像资料等。

（11）检查施工单位安全宣传、画册、展板、标语等工作情况。

（12）检查“三类人员”“特种作业人员”台账及安全考核合格证书和安全教育培训证书，作业人员的“三级”教育培训资料、安全技术交底记录等。

（13）检查施工单位安全生产风险管控“六项机制”执行情况，重点检查重大危险源辨识、安全风险评价及管控、事故隐患排查治理等。具体检查内容见 6.6 节内容。

（14）检查安全生产事故报告及处理情况报告。

6.4.5　其他参建单位

对其他参建单位安全生产体系运行情况监督检查的主要内容如下：

当水利工程项目有项目管理单位、总承包单位时，还应依据合同约定的内容对项目管理单位、总承包单位的安全生产体系运行情况进行监督检查。

（1）监督检查项目管理单位的安全生产体系运行情况进行时，在项目法人授权项目管理单位的范围内，按照 6.4.1 相应内容进行检查。

（2）监督检查总承包单位安全生产体系运行情况进行时，在总承包单位合同范围内，按照 6.4.2、6.4.4 相应内容进行检查。

6.5　现场安全生产监督检查

（1）施工现场安全生产监督检查应结合工程项目进展情况，采取抽查或重点检查形式对施工现场进行检查，并填写《贵州省水利工程建设安全生产监督检查表》（格式见附录 13）。抽查或重点检查的主要内容应包括以下方面：

1）资质和人员管理：重点检查施工单位主要负责人、项目负责人和专职安全生产管理人员是否按规定持有有效的安全生产考核合格证书等；检查特种（设备）作业人员是否持证上岗作业等。

2）施工布置、职业健康及环境保护：重点检查施工场区、施工（建设）管理及生活区、危险化学品仓库是否布置在洪水、雪崩、滑坡、泥石流、塌方及危石等危险区域等；检查施工场地材料堆放、安全警示标志标牌、施工现场封闭管理、废渣及污水管控、职业场所危害管控、环境卫生等职业健康与环境保护情况等。

3）专项施工方案监督：检查是否按规定编制和审批危险性较大的工程专项施工方案，超过一定规模的危险性较大的单项工程是否按规定组织专家审查、论证，并经项目法人、监理单位审批后实施；检查是否按批准的专项施工方案实施，实施前是否进行安全交底，是否开展班前教育，是否有专人进行旁站、监管和检查；需要验收的危险性较大的单项工程是否经验收合格转入后续工程施工。重点抽查高大模板、脚手架、起重吊装设备、围堰等投入使用前是否通过验收，深基坑、地下洞室、高边坡等安全防护设施是否完善、有效，拆除爆破作业安全措施执行是否到位。

4）安全用电：重点检查施工现场临时用电系统投入使用前是否通过验收；检查施工现场专用的电源中性点直接接地的低压配电系统是否采用 TN－S 接零保护系统，发电机组电源与其他电源是否互相闭锁并列运行，外电线路的安全距离是否符合规范要求，不符合要求的是否按规定采取防护措施，配电箱与开关箱、现场照明、配电线路、电器装置、变配电装置是否规范，是否存在用电隐患等。

5）有限空间作业：重点检查安全管理、通风、用电、消防、通信联络及其他等内容。

6）隧洞施工：重点检查隧洞施工时是否进行地质预报、有毒有害气体监测，遇到隧洞围岩开裂、变形、掉块、涌水、洞温突然变化、钻孔异常、掘进参数异常、气体逸出及其他特殊地质情况变化是否及时采取相关措施，洞内有毒有害气体监测达到或超过规定标准时是否采取有效措施；洞内施工临时用电是否符合要求，照明系统是否规范等。

7）设备安装：蜗壳、机坑里衬安装时，重点检查搭设的施工平台（组装）投入使用前是否经检查验收；在机坑中进行电焊、气割作业（如水机室、定子组装、上下机架组装）时，是否设置隔离防护平台或铺设防火布，现场是否配备消防器材。

8）水上作业：是否按规定设置必要的安全作业区或警戒区；水上作业施工船舶施工安全工作条件应符合船舶使用说明书和设备状况。

9）围堰施工：检查围堰是否符合规范和设计要求，围堰位移量及渗流量是否超过设计要求，如超过设计要求是否采取有效管控措施。

10）场内交通：检查施工现场道路满足安全运输要求情况。施工现场道路路况、防护设施及运输管理情况等。

11）安全防护：检查临边、孔、洞、口、高处作业、垂直交叉作业、机械传送装置、场内交通和人行通道等危险部位防护设施、安全防护装置；地质条件较差的高边坡、深基坑、地质不良隧洞及竖井等安全监测和安全防护情况；作业人员的个人劳动保护、安全防护用品配备情况。

12）警示标志：有较大危险因素的施工区域和有关设施、设备上应设置明显的安全警示标志；施工现场安全警示标志应齐全、醒目、设置牢固；施工现场入口、孔洞口、高边坡、基坑边沿、危险物品、施工道路的急弯、交叉路口、陡坡、悬崖、高临边、配电及机械设备等危险部位是否设置安全警示标志。

13）现场消防管理：检查施工现场是否明确消防的重点部位及责任人，

是否配备足够和有效的消防器材和设施；检查消防预案的落实情况，重点防火部位或场所及禁止明火区动火作业时，严格执行动火审批制度；检查油库、仓库、宿舍、办公区域、加工场地、重要设备旁消防器材、设施配备，使用明火时是否设专人监管；检查消防通道、消防标志等情况。重点检查：宿舍、办公用房、厨房操作间、易燃易爆危险品库等消防重点部位安全距离是否符合要求，如不符合要求是否采取有效防护措施；宿舍、办公用房、厨房操作间、易燃易爆危险品库等建筑构件的燃烧性能等级是否达到A级；宿舍、办公用房采用金属夹芯板材时，其芯材的燃烧性能等级是否达到A级。

14）现场度汛管理：重点检查工程度汛形象面貌完成情况，检查防汛物资储备、度汛高程以下人员设备撤离路线图及指示标志牌设置、度汛重点部位的保护和防护、汛期施工的安全保证措施落实等情况。

15）民用爆炸物品及易燃、易爆危险品使用管理：民用爆炸物品的储存、运输和销毁必须经过属地公安部门验收许可，使用过程中有专人管理、特种人员操作且操作规范。爆破作业时严格按照规范要求进行。抽查特种人员持证、爆破公示牌及警戒线设立、人员警戒、爆破安全距离。易燃、易爆危险品的储存须满足有关规范要求。抽查易燃易爆及危险品仓库的人员值班、场所、设施、消防、标志、使用、涉及特种作业人员的持证情况。

16）事故隐患治理、监控：检查事故隐患整改的完成情况及项目法人、监理单位复查结果；对正在进行整改的，检查其"五落实"（整改计划、整改资金、责任人、时限、预案）情况；对暂时无法消除隐患的，检查其措施计划制定、责任人落实、隐患监控情况。对于重大事故隐患，监督检查是否按照相关规定进行报告，防范措施是否落实。

17）事故应急救援：检查现场应急救援设备物资储备情况，检查应急救援队伍建设、保障措施落实、应急演练及效果评估情况。

18）设备管理：检查特种设备的检定、登记、许可、验收、检查、维修、保养情况；设备检修时是否挂牌断电且有专人监管。

19）"三违"检查：施工现场各作业面、点的违章指挥、违规作业、违反劳动纪律行为。重点检查施工顺序、方法、操作规程与安全生产规程、规范的符合性。

20）现场值班及保卫工作：主要检查施工现场的安全保卫值班、人员落实以及治安综合治理情况。

（2）施工现场安全生产监督检查，可参照《施工现场安全生产监督检查主要事项》（见附录15）开展检查；对在工地现场检查的内容有疑问的，可查阅项目相关内业资料进行验证。

6.6 安全风险管控“六项机制”监督检查

安全风险管控根据水利部《构建水利安全生产风险管控“六项机制”的实施意见》（水监督〔2022〕309号）、水利部《水利安全生产风险管控“六项机制”实施工作指南（2024年版）》、《贵州省水利安全生产风险管控“六项机制”实施细则（试行）的通知》（黔水监督〔2023〕15号）、《省水利厅关于印发贵州省水利安全风险分级管控实施办法（试行）的通知》（黔水监督〔2020〕1号）等的要求，做好安全风险预控、关口前移，对参建单位安全生产风险管控“六项机制”中查找机制、研判机制、预警机制、防范机制、处置机制、责任机制的落实情况进行监督检查。可按照《安全风险管控“六项机制”执行情况检查表》（见附录11）开展检查。

6.6.1 查找机制

对参建单位安全风险管控“六项机制”的风险查找机制进行监督检查，主要检查内容如下：

（1）检查项目法人是否组织工程勘测设计、监理、施工、检测等参建单位现场管理机构建立本项目安全风险分级管控制度，明确危险源辨识、风险评价、风险预警、风险管控的程序、方法、频次和责任等；新开工工程项目是否在开工前制定该制度，已开工建设项目是否按照要求及时补充完善相关制度。

（2）检查工程项目是否按以下规定开展危险源辨识。

1）危险源辨识应确定危险源名称、所在位置、类别、级别、事故诱因、可能导致的后果。

2）危险源辨识对象与范围应覆盖本项目所有区域、场所、部位和直接关联的外部环境；覆盖生产经营活动的所有工艺流程、设施、设备、工作面和管理体系；覆盖参与生产经营活动的所有部门、岗位和人员，以及生产经营活动涉及的所有危险物品；应将外委、外包、外租等项目、工作、场所纳入危险源辨识范围。

3）危险源辨识可采取直接判定法、安全检查表法、预先危险性分析法及因果分析法等方法。应优先采用直接判定法，不能用直接判定法辨识的，可采用其他方法进行判定；项目法人应组织各参建单位按照水利部印发的《水利水电工程施工危险源辨识与风险评价导则（试行）》（办监督函〔2018〕1693号）进行辨识。

4）新开工项目在开工前，项目法人应组织各参建单位全面开展一次危险源辨识及风险评价工作。各施工单位应开展各自标段的危险源辨识及风险评价工作，将结果及时报送项目法人和监理单位审核；已开工的水利工程建设项目，各标段施工单位应按照制度规定开展各自标段的危险源辨识及风险评价工作，将结果及时报送项目法人和监理单位审核。

(3) 检查工程项目是否由项目法人统一编制本工程危险源清单，包括危险源名称、类别、位置、级别、事故诱因、可能导致的后果等。

(4) 检查工程项目是否按以下规定开展危险源动态辨识。

1) 施工单位应根据本工程建设项目安全风险分级管控制度确定的危险源辨识周期和施工进展情况对危险源实施动态辨识，动态辨识每季度应至少开展一次。达到或超过一定规模的危险性较大单项工程的施工过程中，应结合实际适时组织动态辨识，施工时间少于3个月的，应至少开展一次辨识，动态辨识结果及时报项目法人和监理单位现场管理机构。

2) 当工程项目发生下列情形时，应及时组织重新辨识：相关法律法规、技术标准发布（修订），施工条件、构（建）筑物、机械设备、金属结构、设施场所、作业活动、作业环境、生产工艺、管理体系等相关要素发生较大变化，发生生产安全事故，对首次采用尚无相关技术标准的新技术、新材料、新设备、新工艺的部位或单项工程，上级主管部门监督检查中发现新的重大风险危险源。

6.6.2 研判机制

对参建单位安全风险管控“六项机制”的风险研判机制进行监督检查，主要检查内容如下：

(1) 检查工程项目是否按以下规定评价风险等级。

1) 项目法人应组织参建单位对所辨识危险源的风险等级逐一进行评价。

2) 危险源的风险等级由高到低依次为重大风险、较大风险、一般风险和低风险四个等级。重大危险源的风险等级直接评定为重大风险；一般危险源可以采用作业条件危险性分析法（LEC)、安全检查表法等方法进行分析判定，推荐使用 LEC 法。

(2) 检查项目法人是否组织各参建单位，对本项目所有重大危险源和风险等级为重大的一般危险源，建立重大风险危险源专项档案，专项档案包括但不限于重大风险危险源基本情况、安全管理制度及安全操作规程、安全监测监控记录、安全风险警示牌设置记录、维修养护记录、“一源一案”及应急演练记录等资料。

6.6.3 预警机制

对参建单位安全风险管控“六项机制”的风险预警机制进行监督检查，主要检查内容如下：

(1) 检查工程项目是否按以下规定落实监测监控措施。

1) 项目法人应组织各参建单位，对较大及以上风险危险源逐一明确监测监控措施、监测频次、监测指标及预警阈值，建立危险源监控清单。

2）应优先采用自动监测方式，加强对危险源特别是重大风险危险源进行监测监控，确定的监测监控措施、频次、指标及预警阈值是否合理，是否按照规定开展人工校核，以确保监测设施设备正常运行。

3）工程项目各参建单位应按照确定的监测监控要求开展工作，记录保存监测监控、值班值守、巡查检查及设备设施维护保养等资料。

（2）检查工程项目是否按以下规定落实值班值守。

1）由项目法人和施工单位建立值班值守制度和事故信息报告制度，各参建单位现场管理机构严格按照制度要求执行，制定值班计划和人员安排表，值班人员应规范填写值班、交接班等记录。

2）落实本建设项目与属地水行政主管部门、应急管理部门以及应急救援队伍的常用、备用联系方式，特别是值班联系方式，保持通信联络和信息渠道畅通。

3）项目法人应加强对值班人员的培训、管理和考核，确保值班人员掌握必要的预警和应急处置知识，及时妥善处置相关情况，并做好详细记录。

（3）检查工程项目是否按以下规定实施预警。

1）当危险源监测指标值超过监测预警阈值后，项目法人应组织各参建单位立即采取相应的管控措施和应急处置措施。

2）当风险得到有效控制后，项目法人应解除预警，并认真总结查找管控体系和管控措施存在的问题，完善相关措施。

6.6.4 防范机制

对参建单位安全风险管控“六项机制”的风险防范机制进行监督检查，主要检查内容如下：

（1）检查工程项目是否按以下规定落实风险分级管控责任。

1）危险源实行分级管控，根据本项目组织机构设置情况，确定每个危险源的现场管控责任人、组织管控责任人、监督责任人。

2）危险源的现场管控责任人应由一线员工担任。

3）工程项目重大风险危险源组织管控责任人和监督责任人应按以下原则确定：由项目法人主要负责人组织监理单位、施工单位共同管控，属地水行政主管部门监督；较大风险危险源由监理单位现场管理机构主要负责人组织施工单位共同管控，项目法人主要负责人监督；一般风险和低风险危险源由施工单位现场管理机构负责人组织管控，监理单位现场管理机构负责人监督。

4）采用代建制模式的，检查工程项目重大风险危险源组织管控责任人和监督责任人是否按以下原则确定：重大风险危险源由项目法人主要负责人会同代建单位主要负责人组织监理单位、施工单位共同管控，属地水行政主管部门监督；较大风险危险源由监理单位现场管理机构主要负责人组织施工单位共同管控，代建单位主要负责人监督；一般风险和低风险危险源由施工单位现场管理机构负责人组织管控，监理单位现场管理机构负责人监督。

5）采用建设项目总承包模式的，检查工程项目重大风险危险源组织管控责任人和监督责任人是否按以下原则确定：重大风险危险源由项目法人主要负责人组织监理单位、总承包单位共同管控，属地水行政主管部门监督；较大风险危险源由监理单位现场管理机构主要负责人组织总承包单位共同管控，项目法人主要负责人监督；一般风险和低风险危险源由总承包单位现场管理机构负责人组织管控，监理单位现场管理机构负责人监督。

6）检查工程项目当某一等级风险的危险源缺少对应的管控层级或不属于对应管控层级职能范围时，是否明确对应层级的管控责任主体或由上一级具有管控职能的层级进行提级管控。

7）检查项目法人是否编制本工程风险分级管控责任表。

（2）检查工程项目是否按以下规定落实风险分级管控措施。

1）工程项目应采取符合相应法律法规、标准规范和危险源实际情况，实用管用的风险管控措施。

2）工程项目风险管控措施应由项目法人安全生产分管负责人组织各参建单位现场管理机构负责人、专业技术人员、一线员工共同研究制定，较大及以上风险危险源管控措施应逐一制定，一般风险和低风险危险源管控措施可根据实际情况适当合并；项目法人应组织参建单位建立危险源管控措施清单。

3）危险源风险管控措施包括但不限于风险公告、工程技术、管理、教育培训、个体防护和应急处置等措施。

（3）检查工程项目是否按以下规定落实风险公告措施。

1）工程项目应根据贵州省相关规定和本工程实际，设置安全风险空间分布图、安全风险公告栏、重大风险警示牌、岗位风险告知卡、安全警示标志等。

2）现场应设置安全风险空间分布图，以平面图等形式呈现工程现场不同风险等级区的分布情况，一般设置于工程入口处或其他醒目位置，其中，重大风险区标为红色，较大风险区为橙色，一般风险区为黄色，低风险区为蓝色。

3）现场应设置安全风险公告栏，对管理范围内的重大风险进行告知，一般设置于工程入口处或其他醒目位置，主要内容包括危险源名称、位置、类别、级别、风险等级、事故诱因、可能导致的后果、管控责任人（监督责任人、组织管控责任人、现场管控责任人）及报告电话等内容。

4）现场应设置重大风险警示牌，对重大风险危险源进行警示，一般设置于重大风险危险源所在场所的醒目位置，主要内容包括危险源名称、级别、风险等级、所在部位、事故诱因、可能导致的后果、管控措施、应急措施、管控责任人、报告电话等信息。

5）现场应设置岗位风险告知卡，对参与本工程建设的具体岗位进行风险告知，设置于岗位工作场所或由从业人员随身携带，主要包括岗位名称、涉及的主要危险源、事故诱因、可能导致的后果、安全操作要点以及风险防范、应急处置措施、报告电话等内容。

6）现场应设置安全警示标志，设置于存在较大及以上风险危险源的工作场所和岗位。安全警示标志的内容、规格、颜色、材质、设置高度等应符合《图形符号 安全色和安全标志 第5部分：安全标志使用原则与要求》（GB/T 2893.5—2020）、《安全标志及其使用导则》（GB 2894—2008）、《消防安全标志 第1部分：标志》（GB 13495.1—2015）等要求。

7）工程项目风险公告措施应随危险源和风险的动态变化及时更新，并根据工程建设实际情况合理确定风险公告更新的频次。

8）项目法人应组织参建单位通过讲解、语音广播、风险告知书等多种形式，及时向本工程从业人员和外来人员告知安全风险基本情况及防范、应急措施，并将有关信息提前告知可能直接受影响的单位和人员。

（4）检查工程项目危险源风险是否按照下列工程技术措施进行管控。

1）消除或减弱。通过对装置、设备设施、工艺等的优化设计消除危险源。

2）替代。用低危害物质替代或降低系统能量。

3）封闭。对产生或导致危害的设施或场所进行密闭。

4）隔离。通过隔离带、栅栏、警戒绳等把人员与危险区域隔开，如采用隔声罩以降低噪声等。

5）移开或改变方向。调整危险源所在位置，改变有毒有害气体排放口等。

（5）检查工程项目危险源风险是否按照下列管理措施进行管控。

1）制定实施作业程序、安全许可、安全操作规程等。

2）合理调控作业时间、减少暴露时间。

3）监测监控、巡查，尤其是对危险物品的存储、使用。

4）警报和警示信号，提高作业人员注意力。

5）对处在同一岗位、同一作业场所、同一工序内有相互影响的不同单位和作业人员，通过签订协议等形式明确各自的安全生产责任和义务。

6）购买安全生产责任保险。

7）其他根据项目实际可以采取的管理措施。

（6）检查项目法人现场管理机构是否定期组织从业人员开展教育培训，使相关人员熟练掌握危险源辨识、风险评价、风险管控及应急处置知识。

（7）检查项目法人和各参建单位是否根据作业现场实际情况，按规范配备符合国家标准或行业标准的个体防护用品，从业人员应规范佩戴防护用品。

（8）检查工程项目危险源风险是否按照下列应急管理措施进行管控。

1）重大风险危险源应落实“一源一案”。对于同一类别的重大风险危险源，可以综合考虑管理主体或管控措施的具体情况，分类制定相应的现场处置方案或专项应急预案；其他危险源应明确现场处置、伤员抢救、人员撤离、现场控制、事故报告等措施。

2）项目法人现场管理机构应组织施工单位现场管理机构针对有关工作场所、设施设备、岗位的特点编制应急处置卡，主要内容包括应急处置程序、措施、相关联络人员和联系方式，发放给从业人员随身携带或在现场显著位置放置。

（9）检查项目法人现场管理机构是否组织各参建单位现场管理机构相关人员，结合危险源动态辨识情况，对危险源的管控措施每季度至少评估一次，发现问题及时完善和改进；当危险源或其风险等级发生变化时，是否对管控措施重新检查评估，并及时完善相关措施。

（10）检查项目法人是否通过水利安全生产监管信息系统，及时将重大风险危险源报送负有直接监管责任的主管部门备案；危险物品重大危险源是否按规定同时报应急管理部门和有关部门备案。

（11）检查项目法人是否编制危险源信息表，包括危险源名称、位置、类别、级别、风险等级、监测方式及频次、管控措施、较大及以上风险危险源预警条件、监督责任人、组织管控责任人、现场管控责任人及联系方式等与危险源相关的各项信息，并由各参建单位现场管理机构负责人和项目法人安全生产分管负责人审核确认。

（12）检查项目法人是否于每季度首月 6 日前，通过水利安全生产监管信息系统上报本项目上季度危险源信息表。

（13）检查项目法人是否按以下规定编制危险源辨识与风险评价报告。

1）工程项目首次开展危险源辨识与风险评价时，应由项目法人组织各参建单位编制危险源辨识与风险评价报告，并由各参建单位现场管理机构主要负责人、项目法人安全管理部门负责人和分管安全生产负责人签字确认，必要时可组织专家进行审查后确认。报告内容应包括工程简介、辨识与评价主要依据、辨识与评价方法、辨识与评价内容、安全管控措施、应急预案、管控责任等。

2）工程项目开展危险源动态辨识时应同步更新危险源信息表，可不重新编制危险源辨识与风险评价报告。

（14）检查项目法人是否按以下规定开展排查治理事故隐患。

1）项目法人应组织各参建单位制定隐患排查治理制度，明确危险源现场管控责任人、组织管控责任人和监督责任人及其他相关人员的隐患排查治理责任、排查频次、隐患整改等要求，将重大事故隐患判定标准纳入隐患排查治理制度。

2）项目法人组织各参建单位将学习掌握重大事故隐患判定标准纳入本项目安全生产教育培训计划并组织实施。

3）项目法人主要负责人应每月至少一次对本项目重大事故隐患排查治理情况带队进行检查。

4）工程项目各参建单位应按照制度定期对危险源管控措施落实情况进行检查，若发现缺失或失效的则启动隐患治理流程。

5）工程项目各参建单位应对发现的事故隐患进行整改。一般事故隐患，发现后应立即整改；重大事故隐患，发现后应立即整改，不能立即整改的要做到责任、措施、资金、时限和预案“五落实”，及时将治理进展情况向负有直接监管责任的水行政主管部门及其他相关部门报告；工程项目重大事故隐患应由施工单位主要负责人组织制定治理方案，经监理单位审核，报项目法人主要负责人同意后实施；项目法人应将重大事故隐患治理方案报送负有直接监管责任的主管部门备案；工程项目各参建单位应如实记录事故隐患排查治理情况，并通过职工大会或者职工代表大会、信息公示栏等方式向从业人员通报。

6）项目法人应对事故隐患实行闭环管理，隐患整改完成后，应对隐患治理情况进行评估，及时验收销号；重大事故隐患应按《省安委办关于抓好重大事故隐患闭环整改的通知》（黔安办〔2023〕8号）文件相关要求严格进行闭环整改，整改完成后，应通过水利安全生产监管信息系统报送负有直接监管责任的主管部门审核销号。

7）工程项目应建立隐患排查治理工作台账，台账包括但不限于：事故隐患整改通知书［参照《水利水电工程施工安全管理导则》（SL 721—2015）附件 E.0.3-65］，事故隐患整改通知回复单［参照《水利水电工程施工安全管理导则》（SL 721—2015）附件 E.0.3-66］，事故隐患排查治理统计表。

8）项目法人应于每月6日前，通过水利安全生产监管信息系统上报本单位上月隐患排查治理信息。

6.6.5 处置机制

对参建单位安全风险管控“六项机制”的风险处置机制进行监督检查，主要检查内容如下：

（1）检查工程项目是否按以下规定建立健全应急预案。

1）项目法人、施工单位分别组织开展本项目、本标段生产安全事故风险分析，建立和完善本项目、本标段生产安全事故应急预案；事故风险单一、危险性小、施工作业人员较少的建设项目，可以只编制现场处置方案。

2）项目法人、施工单位应按照《生产经营单位生产安全事故应急预案编制导则》（GB/T 29639—2020）编制各类应急预案，应急预案应当包括向相关主管部门报告的内容、应急组织机构和人员的联系方式、应急物资储备清单等附件信息。

3）应急预案经专家评审或者论证后，由项目法人、施工单位主要负责人签署印发，及时发放至各参建单位现场管理机构、岗位、从业人员和相关应急救援队伍。

4）项目法人应通过水利安全生产监管信息系统向县级以上地方水行政主管部门办理应急预案备案手续。

5）项目法人应定期对应急预案内容的针对性和实用性进行评估，及时修订应急预案；项目法人和施工单位应当按照《生产安全事故应急预案管理办法》及《生产经营单位生产安全事故应急预案评估指南》（AQ/T 9011—2019）规定，至少每三年进行一次应急预案评估；当应急组织指挥体系与职责、应急处置程序、主要处置措施、应急响应分级等内容变更时，项目法人、施工单位应参照应急预案编制程序及时修订，并按照有关应急预案报备程序重新备案。

（2）检查工程项目是否按以下规定明确应急队伍及物资。

1）施工单位应建立与项目规模、施工实际相适应的专职或兼职应急救援队伍。

2）投资较少、工期较短的项目法人，可以不建立应急救援队伍，但应当指定兼职的应急救援人员，也可以与邻近的应急救援队伍签订应急救援协议。

3）工程项目应根据有关规定并结合实际确定和配备必要的应急救援器材、设备和物资，建立应急装备和物资台账，明确专人管理，定期检查、维护、更新应急装备物资，保证正常使用。

（3）检查工程项目是否按以下规定开展应急演练。

1）项目法人和施工单位应当每半年组织一次生产安全事故应急预案演练，并将演练情况通过水利安全生产监管信息系统报送所在地水行政主管部门。

2）工程项目开展应急演练前应编制演练方案，准备应急演练所需的物资；应急演练方案应包括演练目的及要求、事故情景、参与人员及范围、时间与地点、主要任务及职责、筹备工作内容、主要工作步骤、技术支撑及保障条件、评估与总结等主要内容。

3）项目法人主要负责人应按照演练方案组织开展应急演练，做好演练过程记录，整理留存参与演练人员签到表、演练照片或视频记录等材料。

4）应急演练结束后，项目法人应对演练情况进行评估，分析存在的问题，编制应急演练评估报告，及时修订完善应急预案；演练评估报告应包括演练基本情况、演练评估过程、演练情况分析、改进的意见和建议等主要内容。

(4) 检查工程项目是否按以下规定开展应急处置。

1) 险情发生后，项目法人和各参建单位应根据相应预案迅速启动生产安全事故应急响应。

2) 先期处置应优先组织抢救遇险人员，采取必要措施，防止事故危害扩大及次生、衍生灾害发生。

3) 事故发生后，现场有关人员应立即报告项目法人，项目法人负责人接到事故报告后，应立即向当地县级以上地方水行政主管部门和有关部门报告。情况紧急时，现场人员可以越级上报。

6.6.6 责任机制

对参建单位安全风险管控“六项机制”的风险责任机制进行监督检查，主要检查内容如下：

(1) 检查工程项目是否按以下规定建立全员安全生产责任制。

1) 项目法人和各参建单位应建立全员安全生产责任制，明确各级负责人、各职能部门和各岗位工作人员安全生产责任范围、履责要求；全员安全生产责任制应以单位正式文件印发至项目法人和各参建单位现场管理机构的每个岗位和人员。

2) 项目法人主要负责人与各参建单位主要负责人、项目法人和各参建单位主要负责人与分管负责人、分管负责人与现场管理机构负责人、现场管理机构负责人与各岗位工作人员应逐级明确安全生产责任和履责要求。

(2) 检查工程项目是否按以下规定开展教育培训。

1) 项目法人主要负责人应组织制订包括“六项机制”在内的年度安全生产教育培训计划。

2) 应当接受安全教育培训的从业人员包括项目法人和各参建单位现场管理机构主要负责人、安全生产管理人员、特种作业（特种设备作业）人员和其他从业人员，以及劳务派遣、灵活用工、对外委托协作单位人员等。从业人员应做到“三知两会”，即知道本岗位危险源所在、管控措施、应急措施，会使用配备的应急器材、宣讲岗位风险防范措施。

3) 项目法人和各参建单位主要负责人和安全生产管理人员初次安全培训时间不少于32学时（含“六项机制”内容12学时以上），每年再培训时间不少于12学时。水利水电工程施工企业主要负责人、项目负责人和专职安全生产管理人员应当经过有关水行政主管部门安全生产考核合格。

4) 项目法人和各参建单位应当对新上岗的临时工、合同工、劳务工、轮换工、协议工等从业人员进行安全培训，岗前安全培训时间不少于24学时（含“六项机制”内容8学时以上）；对劳务派遣、灵活用工、对外委托协作单位人员等其他从业人员开展安全生产培训，保证其具备本岗位风险管控、应急处置等知识和技能。

5）工程项目从业人员在本单位内调整工作岗位或离岗一年以上重新上岗时，应当重新接受项目部级和班组级的安全培训，培训时间不少于8学时。

6）工程项目采用新工艺、新技术或者使用新设备、新材料时，应对有关从业人员进行有针对性的安全培训。

7）特种作业人员和特种设备作业人员必须按照国家有关法律法规的规定接受专门的安全培训，经考核合格，取得相应操作资格证书后，方可上岗作业。

8）项目法人和各参建单位应建立安全生产教育培训档案，如实记录培训时间、内容、参加人员以及培训考核结果等情况。

（3）检查工程项目是否按以下规定开展责任制考核。

1）项目法人和各参建单位应制定安全生产岗位责任考核办法，岗位责任考核指标和标准应尽可能细化、量化、便于操作，并明确考核周期和考核结果等内容。

2）项目法人和各参建单位应根据安全生产岗位责任考核办法定期开展考核，检查岗位责任落实和有关指标完成情况，兑现奖惩措施。

（4）检查工程项目是否按以下规定开展责任制考核。

1）项目法人应组织各参建单位制定本项目安全生产奖惩制度，严格各参建单位安全生产履约管理。

2）根据《中华人民共和国安全生产法》《中华人民共和国刑法》《生产安全事故报告和调查处理条例》对事故责任追究的规定，项目法人应积极配合有关部门做好生产安全事故的调查和处理，并按照“四不放过”原则实施事故责任追究。

6.7 安全生产费用监督检查

安全生产费用监督检查根据《企业安全生产费用提取和使用管理办法》（财资〔2022〕136号）、《水利部关于印发关于推进水利工程建设安全生产责任保险工作的指导意见》（水监督〔2023〕347号）等文件要求开展，可按照《安全生产费用监督检查表》（见附录12）开展检查。

6.7.1 项目法人

对项目法人安全生产费用管理情况进行监督检查的主要内容如下：

（1）检查项目法人是否在合同中单独约定并于工程开工日一个月内向施工单位支付至少50%安全生产费用。对于建设周期长资金投入量大的跨年度项目，检查项目法人是否按照年度预算安全生产费用的至少50%予以拨付。

（2）检查项目法人是否调减或挪用批准概算中所确定的安全生产费用，是否监督施工单位落实安全作业环境及安全施工措施费用。

（3）检查项目法人是否监督各标段施工单位按照规定及时购买从业人员工伤保险、安全生产责任保险以及合同约定的其他保险。

6.7.2 设计单位

检查设计单位是否在编制工程概算时按有关规定计列建设工程安全作业环境及安全施工措施所需费用。

6.7.3 监理单位

对监理单位安全生产费用管理情况进行监督检查的主要内容如下：

（1）在工程建设实施阶段，检查监理是否按规定对施工单位编制的安全生产费用总体及年度使用计划进行审核，报项目法人同意后执行。

（2）检查监理单位是否及时对施工单位申报的安全生产费用支出进行审核、签证，并建立监理审核台账，审核通过的安全生产费用开支应与票据、签证和实物相对应。

（3）检查监理单位是否对施工单位落实安全生产费用情况进行监管，并在监理月报中反映监理及施工单位安全生产工作开展情况、工程现场安全状况和安全生产费用使用情况。

（4）检查监理单位是否监督施工单位按照规定及时购买从业人员工伤保险、安全生产责任保险以及项目法人与施工单位合同约定的其他保险。

6.7.4 施工单位

对施工单位（或总承包）安全生产费用管理情况进行监督检查的主要内容如下：

（1）检查施工单位是否落实工程安全生产投入主体责任。

（2）检查施工单位是否按水利水电工程项目建筑安装工程的2.5%足额提取安全生产费用，是否编制总体及年度安全生产费用提取计划。

（3）检查各标段施工单位是否按照规定及时购买从业人员工伤保险、安全生产责任保险以及项目法人与施工单位合同约定的其他保险。

（4）检查施工单位提取的安全费用是否专门进行财务核算，建立安全费用使用台账，台账是否按月度统计、年度汇总。

（5）检查施工单位是否按照安全生产措施计划和安全生产费用使用计划开展安全生产工作、使用安全生产措施费用；施工月报中是否反映安全生产工作开展情况、危险源监测管理情况、事故隐患排查治理情况、现场安全生产状况和安全生产费用使用情况。

（6）检查施工单位是否定期组织对本单位包括分包单位安全生产费用使用情况进行检查，发现的问题是否进行整改。

（7）检查施工单位是否编制年度安全生产费用总结，对本年度安全生产费用使用情况进行评估，并及时调整总体安全生产费用使用计划。

（8）工程竣工决算后，结余的安全生产费用是否退回项目法人。

对项目安全生产费用支出范围应按《企业安全生产费用提取和使用管理办法》（财资〔2022〕136号）、《水利水电工程施工安全管理导则》（SL 721）等规定进行监督检查。

6.8 监督检查发现事故隐患的处理

6.8.1 事故隐患处理

安全生产监督机构现场检查发现安全事故隐患时，应按以下步骤进行处理。

（1）发现安全隐患：监督检查过程中发现的安全问题，按照重大事故隐患判定标准，初步判定问题等级（一般安全隐患或重大事故隐患），并记录在案，对发现问题能够立即整改且隐患已消除的，可不列入问题；不能立即整改的，按相关规定处理。属重大事故隐患的，应报上级行业主管部门。

（2）整改要求：发现的安全生产隐患，应及时形成书面检查意见，填写《贵州省水利工程建设安全生产监督检查表》（格式见附录13），提出整改要求，并形成安全监督问题台账。整改责任单位应明确整改措施、整改资金、责任人、时限和预案等。水利安全生产监督机构应对责任单位进行跟踪整改，并督促整改到位。

（3）整改结果的复查：责任单位安全事故隐患治理后，由项目法人、监理单位组织复检，达到要求后，由项目法人在规定的时限内及时将整改结果以书面资料报送安全生产监督机构。安全生产监督机构对报送资料审核后，视情况可开展施工现场的安全问题整改复查工作。

对拒不整改且危及工程安全、施工安全的工程部位，可发文要求立即停工，同时报上级行业主管部门。

（4）销号：审核项目法人上报的整改材料后，可以明显判断安全问题已消除的予以销号；整改材料不能明显判断的，对整改结果可采取现场复核、视频复核、照片复核等多种方式进行复查，认为安全问题已消除的予以销号（对于整改不满足要求的要求继续整改，直至满足要求方可销号）。

6.8.2 重大事故隐患处理

安全生产监督机构现场监督检查发现重大安全事故隐患时，应按以下步骤进行处理。

（1）隐患登记、上报、交办：对监督检查过程中发现的重大事故隐患，应当以书面专报形式上报上级主管部门，向项目法人及参建单位进行现场交办，同时下发责令整改通知书，并登记形成台账。

（2）整改要求：责令项目法人按照“一隐患一方案”的要求，组织参建单位制定重大事故隐患治理方案，明确措施、责任、资金、时限和预案，确保隐患整改到位。整改情况应全过程如实记录，并及时向水行政主管部门或安全生产监督机构报告。

（3）整改过程安全管控：被挂牌督办的重大事故隐患治理结束前，安全生产监督机构应加强监督检查，并督促项目法人、监理单位监督施工单位采取必要管控措施防止事故发生，对事故隐患排除前无法保证安全的，应从危险区域撤出人员，设置警示标志，暂时停止施工或停用相关设备设施。

（4）整改结果的备案及复查：重大事故隐患治理完毕后，责任单位主要负责人或分管负责人牵头组织本单位安全管理机构负责人等相关人员共同验收，参与验收的人员均要在验收报告上签字，严格执行“谁验收、谁签字、谁负责”的要求。通过验收后，由项目法人将重大事故隐患治理验收的书面整改材料报送水行政主管部门申请复核。

（5）水行政主管部门组织对重大事故隐患整改情况进行复核，检查施工单位是否落实主要负责人签字、安全生产监督机构复核人和负责人签字的“三签字”机制，复核合格的，经管辖项目的县级政府分管领导审查通过后，签字确认，对重大事故隐患进行销号；复核不合格的，由项目法人再行组织整改，完成整改后重新申请复核。

（6）对施工单位拒不执行整改指令的，由安全生产监督机构报水行政主管部门依法处理。

（7）其他。

6.9 安全生产信息填报

（1）水利生产经营单位应明确专人负责“水利安全生产信息系统”填报工作，开展危险源辨识管控、安全事故隐患排查治理及安全生产事故等信息录入，并及时更新。

（2）安全生产监督机构要督促水利生产经营单位在“水利安全生产信息系统”上报工程项目的危险源、安全事故隐患和安全生产事故等信息。

（3）安全生产监督机构要督促水利生产经营单位将各级水行政主管部门或有关单位组织的检查、督查、巡查、稽查中发现的隐患及时录入信息系统。

（4）危险源要坚持动态更新，每季度底前录入新的危险源。隐患和事故月报均施行零报告制度，水利生产经营单位于每月月底前上报，水行政主管部门于次月 6 日之前上报。

6.10 参与安全事故调查

（1）根据事故调查组织部门的要求，安全生产监督机构视事故的具体情况，应派有事故调查所需知识和专长，且与所调查的事故没有直接利害关系的人员参与调查；或由安全生产监督机构主要负责人、熟悉施工现场安全生产情况的安全监督检查人员等参与事故调查。

（2）参与事故调查的人员应认真履行职责，坚持实事求是、尊重科学的原则，及时、准确地了解并查清事故发生原因、经过等情况。

（3）参与事故调查的人员应严格按照《生产安全事故报告和调查处理条例》和事故调查组的要求和安排，在规定时限内完成所承担部分安全事故调查报告内容并提交事故调查组，吸取事故教训，总结经验，提出防范和整改措施。

7 安全生产监督工作报告

7.1 安全生产监督工作报告一般规定

根据《水利水电建设工程验收规程》(SL 223) 规定，水利安全生产监督机构在工程项目的机组启动验收、阶段验收、技术预验收、竣工验收时，应编写提交安全生产监督工作报告，项目法人应提前5个工作日告知验收会议时间，以便进行安全监督工作报告的编制。

7.2 安全生产监督工作报告主要内容

(1) 工程概况。包括工程位置及主要建设内容、工程设计及批复状况、形象进度、工程参建单位。

(2) 安全监督工作。包括安全生产监督依据、安全生产监督方式及方法、现场安全生产监督。

(3) 参建单位安全管理体系建立及运行情况。

(4) 现场监督检查。

(5) 安全生产事故处理情况。

(6) 工程安全生产评价意见。

(7) 附件。

1) 有关该工程项目安全监督人员情况表。

2) 工程建设过程中安全监督意见（书面材料）汇总。

8　安全生产监督档案管理

8.1　档 案 管 理 要 求

（1）安全生产监督档案是水利工程项目安全监督工作的重要组成部分，应列入监督管理工作范畴，是在水利工程安全生产监督工作过程中形成的，具有保存价值的不同形式的历史记录（包括公文、电报、资料、簿册、图表、照片、录音、录像、磁介质、实物等）。

（2）安全生产监督档案是安全生产监督活动的直接记录和实际情况反映，内容应记录清楚、真实、准确。

（3）安全生产监督档案应及时收集、整理、归档，并参照《安全生产监管档案管理规定》（安监总办〔2007〕126号）、《贵州省水利厅办公室关于印发〈贵州省水利厅机关档案分类方案、文件材料归档范围和档案保管期限表〉的通知》（黔水办〔2023〕11号）要求归档保管。

（4）安全生产监督档案属于管理性文件，宜按年度分项目归档，同一事由产生的跨年度文件在办理年度归档。

（5）根据《贵州省水利厅办公室关于印发〈贵州省水利厅机关档案分类方案、文件材料归档范围和档案保管期限表〉的通知》（黔水办〔2023〕11号）对安全生产监督档案的保管期限分为永久、定期两项。定期一般分为30年、10年，永久保管期限不得短于工程的实际合理使用年限；具体详见《贵州省安全生产监督文件材料归档范围和档案保管期限表》（附录14）。

（6）凡属归档范围的安全生产监督文件材料，必须按规定向档案室移交，实行集中统一管理，任何部门和个人不得据为己有或拒绝归档。

（7）安全生产监督档案为科技档案，可按年度、保管期限等分类项进行分类；无专门规定的，按照《水利科学技术档案管理规定》（水办〔2010〕80号）中附件《水利科技文件材料归档范围和保管期限表》执行。

（8）安全生产监督档案应同时归入纸质档案及电子档案，并达到一一对应的要求。

对应归档的电子文件的元数据、背景信息等要进行相应的归档；应归档的纸质文件材料中，有文件发文稿纸、文件处理单的，应与文件正本、定稿一并归档。

（9）安全生产监督档案按项目建档，监督机构统一管理。

8.2 安全生产监督档案资料内容

安全生产监督档案主要包括（但不限于）以下主要资料：

（1）上级部门颁布的有关水利工程安全生产法规、制度、标准等法规性文件材料。

（2）安全生产监督管理相关制度。

（3）安全生产监督申请书和告知书。

（4）安全生产交底资料。

（5）安全生产监督工作计划。

（6）项目法人安全生产备案与信息报送文件材料（包括保证安全生产技术措施备案文件材料）。

（7）安全生产监督巡查、专项检查、其他安全检查的通知、记录、会议纪要及整改反馈文件材料。

（8）安全生产事故有关文件材料。

（9）安全生产监督年度报告。

（10）项目安全生产监督工作报告。

（11）安全生产投诉和举报调查处理相关文件材料。

（12）影像资料。

（13）其他安全生产监督材料。

附　　录

附录1　水利工程安全生产监督工作制度

附录1.1

安全生产监督机构管理制度

1. 安全生产监督机构应强化红线意识、统筹发展与安全，落实行业主管部门直接监管，坚持管行业必须管安全、管业务必须管安全、管生产经营必须管安全，以国家有关法律法规、规章、规范性文件及有关行业安全规程、规范、标准为依据开展安全监督工作。

2. 安全监督人员要认真履行法律法规赋予的安全监督权力，在权限规定的范围内开展安全监督工作。

3. 安全生产监督检查人员应当忠于职守、坚持原则、秉公执法。

4. 安全监督检查人员对工程项目的检查结果向安全监督负责人负责；安全监督负责人对工程项目的安全监督管理工作向安全监督机构负责人负责。

5. 安全生产监督检查人员每次监督检查时，应对工程项目监督检查中发现的安全问题如实记录。需记录检查工程名称、工程部位、检查时间、发现安全问题、整改意见或建议，由检查人员和被检查单位负责人签字。

6. 安全监督机构应按《安全监督工作考核制度》，每年年终对安全监督人员的年度工作情况进行考核。

7. 安全生产监督检查中发现的重大事故隐患，应按《安全事故隐患监督管理制度》进行报告和处理。

附录 1.2

安全生产监督检查制度

1. 安全生产监督机构接受申请后，在安全生产监督工作计划中，应明确安全监督检查的工作方式、工作安排、人员及联系方式。

2. 根据分级管理原则，省、市、县级对职责范围内每个监督项目在工程建设高峰期每季度开展安全监督检查不少于一次，其他时段一年不少于两次。工程项目的安全监督负责人未参与安全检查时，参与检查人员对该次安全检查结果负责，并将安全监督检查情况告知项目的安全监督负责人。

3. 根据《贵州省水利工程建设安全监督工作指南》开展安全监督检查工作，形成书面检查记录；对涉及重大安全隐患的需及时采集影像或书面记录资料。

4. 对安全监督检查过程中发现的重大安全事故隐患，应纳入台账清单管理，并及时向属地行业管理部门报告，并录入相关信息系统；向项目法人及参建单位进行现场交办，提出整改要求，跟踪督促落实。

5. 每次安全监督检查结束后，安全监督项目站（组）检查人员负责将检查记录、采集影像或书面记录资料汇总后交监督机构档案管理人员进行归档。

附录 1.3

安全生产监督教育培训制度

1. 安全生产监督机构应当对监督人员进行安全生产监督教育和培训，保证监督人员具备必要的安全生产知识，熟悉并掌握有关的安全生产法律法规、规章制度，了解安全生产操作规程。

2. 安全监督机构应当建立安全生产教育和培训档案，如实记录安全生产教育和培训的时间、内容、参加人员以及考核结果等情况。

3. 要及时组织对新修编、颁布的有关安全生产的法律法规、制度等进行培训、学习。

4. 新上岗监督人员，岗前安全生产教育培训时间不得少于 24 学时，以后每年接受教育培训的时间不得少于 8 学时，培训可通过线上、线下两种方式进行。

附录 1.4

安全监督工作考核制度

安全监督工作考核主要是对安全监督人员的考核。

1. 安全监督机构对安全监督工作人员按年度进行考核，首先成立考核小组，由考核小组对每个工作人员逐一进行考核，考核小组成员应回避对自己的考核。考核结果作为对安全监督工作人员进行奖励和惩罚的依据。

2. 考核指标及分值

德：主要考核政治思想和职业道德表现（20 分）。

能：主要考核业务技术水平、管理能力的运用和发挥、业务技术的提高、知识更新情况（20 分）。

勤：主要考核工作态度，勤奋敬业精神和遵守劳动纪律的情况（20 分）。

绩：主要考核履行职责的情况，完成工作任务的数量、质量、效率，取得成果的水平（20 分）。

廉：主要考核奉公守法、清正廉明的情况（20 分）。

3. 考核结果按照百分制分优、良、合格、不合格四个等级，70 分以下为不合格，70～80 分为合格，80～90 分为良，90 分以上为优。

附录 1.5

安全生产监督工作会议制度

1. 安全监督机构工作会议。一般每季度召开一次，由安全监督机构负责人主持全体人员参加，会议应通报上季度安全监督工作总体情况，对安全监督工作重大问题提出解决意见，安排本季度安全监督工作，通报和学习上级有关精神、要求，学习新的规程、规范以及规定。会议需有专人记录，形成会议纪要发送各工程项目安全监督责任人。

2. 年度安全监督工作总结会。由监督机构负责人主持，全体工作人员参加。一般在每年 12 月下旬召开。总结本年的安全监督工作，对下年的安全监督工作总体安排。

3. 临时性安全监督工作会议，视具体情况召开。

附录 1.6

安全生产信息填报制度

1. 安全生产监督机构应要求项目法人，按照有关信息填报要求及时填报。

2. 安全生产监督机构负责检查项目法人的工程项目安全生产信息上报情况。

3. 安全生产信息报表上报时间为次月 6 日之前，若上级主管部门对上报要求有调整，按其调整要求执行。安全事故隐患排查信息应每月填报一次，危险源动态调整信息应每季度填报一次。

4. 对于重大事故隐患应按照《省安委办关于抓好重大事故隐患闭环整改的通知》（黔安办〔2023〕8 号）的要求进行报告登记。

附录 1.7

安全事故隐患监督管理制度

1. 对安全监督检查发现的一般安全隐患，监督检查人员现场应要求项目法人及责任单位立即进行整改，整改完成后，由项目法人将整改情况报安全生产监督机构。

2. 安全监督工作人员在安全监督检查过程中，发现可能造成重大人身伤亡或者重大经济损失的事故隐患，可要求局部暂停施工，情况紧急时要求施工作业人员立即撤离出场，并及时向安全监督机构负责人、水行政主管部门、当地安监部门进行报告。

3. 重大事故隐患报告形式可采取电话报告，并在规定时限内形成书面材料及时上报。报告内容应包括隐患存在的部位、现状、可能导致的危害程度等。

4. 对安全监督检查过程中发现的重大事故隐患，应督促项目法人按照《省安委办关于抓好重大事故隐患闭环整改的通知》（黔安办〔2023〕8 号）要求的排查登记、交办督办、整改管控、验收复核、问责问效的闭环进行整改。

5. 对监督检查发现的重大事故隐患，安全监督机构应对安全隐患的治理情况进行跟踪。

附录 1.8

安全生产监督档案管理制度

1. 安全生产监督档案是水利工程项目安全监督工作的真实记载，安全监督机构应明确专人（专职或兼职）对安全生产监督档案按项目建档，进行收集、整理、归档，做到有据可查。

2. 安全生产监督档案的建立，应从项目法人提交安全生产监督申请书开始，到工程竣工验收完成止。档案专职（兼职）人员应同步收集、整理。如档案专职（兼职）人员变动，应认真做好档案交接工作。

3. 安全生产监督工作人员对安全生产监督过程中形成的、需归档的资料进行筛选，并建立资料清单提交专职（兼职）人员，然后根据《贵州省水利厅机关档案分类方案、文件材料归档范围和档案保管期限表的通知》（黔水办〔2023〕11 号）及《贵州省安全生产监督文件材料归档范围及保管期限表》（见附录 14）进行分类、整理、归档，移交归档时应办理移交手续。

4. 安全生产监督资料按项目建档，由监督机构统一管理。对频繁使用的资料可采用复印件进行备份另存。

5. 因工作需要借阅档案时，应办理借阅登记手续，借阅密级以上的档案，需经有关领导批准并履行完备手续，方可查阅。查阅档案一般在档案库房内，因工作需要借出的，必须办理借阅登记手续。原则上提供复印件，借阅时应注明归还日期。外单位人员需要借阅、复制监督档案的，应持有介绍信，并经有关领导批准后方可借阅、复制。

6. 安全生产监督档案宜按年度归档，并建立档案检查制度，原则上每年度进行一次，由安全监督机构负责人或分管领导负责，对检查中发现的问题及时反馈，以便及时纠正。

附录 1.9

安全生产监督廉政建设管理制度

1. 严格遵守中央八项规定、“省委十项规定”及贵州省水利厅的相关规定和要求。

2. 不收受被监督检查单位的任何纪念品、礼品、礼金、消费卡和有价证券等。

3. 不借用被监督检查单位的财物，不在被监督检查单位报销应由个人承担的费用。

4. 不向被监督检查单位提出与监督检查工作无关的要求。

5. 不泄露被监督检查单位的相关商业秘密及资料，不利用知晓的被监督检查单位商业秘密、内部信息为个人谋取利益。

6. 不准隐瞒夸大或者缩小发现的问题。

7. 不准干预参建单位的正常工作。

8. 不准利用工作便利或影响为本人和家属或利害关系人谋取不正当利益。

9. 不准超规格住宿，不准由被监督检查单位支付或补贴住宿费。

10. 不准使用被监督检查单位的交通工具办理与监督检查工作无关的事项。

11. 不准在被监督检查单位报销任何费用。

12. 不准在监督检查过程中接受超规定、超标准的接待和服务。

13. 除工作需要外，不准进入名胜古迹、风景区。

附录2　贵州省工程施工现场安全生产监督申请书

关于对________________工程实施
施工现场安全生产监督的申请

安全生产监督机构名称：

____________工程经____________文件批准并已列入实施计划，计划开工时间为____年____月，项目施工招标（或首批施工招标）已完成。根据《中华人民共和国安全生产法》《建设工程安全生产管理条例》《水利工程建设安全生产管理规定》《水利水电工程施工安全管理导则》等法律法规及有关规程规范要求，现提出施工现场安全生产监督申请，并承诺：

1. 对本申请书及附件所填内容真实性负责；

2. 不具备安全生产条件不施工，不对设计、施工、监理等单位提出违反有关法律法规和强制性标准的要求。

附件：

1. 工程及参建单位基本信息

2. 工程项目危险性较大的单项工程清单及管理措施

3. 项目法人及现场管理机构组建批复文件（略）

（单位印章）
年　月　日

附件 1

工程及参建单位基本信息

<table>
<tr><td>工程名称</td><td colspan="4"></td></tr>
<tr><td>项目主管单位</td><td colspan="4"></td></tr>
<tr><td rowspan="2">初步设计批复情况</td><td>批准机关</td><td></td><td>批准时间</td><td></td></tr>
<tr><td>批准文件/文号</td><td colspan="3"></td></tr>
<tr><td>批复工程总投资</td><td colspan="2"></td><td>其中建安投资</td><td></td></tr>
<tr><td>建设计划</td><td>开工时间</td><td></td><td>竣工时间</td><td></td></tr>
<tr><td>主要工程量</td><td colspan="4"></td></tr>
<tr><td>主要任务及规模</td><td colspan="4"></td></tr>
<tr><td rowspan="2">项目法人</td><td>单位名称</td><td colspan="3"></td></tr>
<tr><td>主要负责人
/联系方式</td><td></td><td>职务、职称</td><td></td></tr>
<tr><td rowspan="2">项目管理单位
（总承包）</td><td>单位名称</td><td colspan="3"></td></tr>
<tr><td>主要负责人
/联系方式</td><td></td><td>职务、职称</td><td></td></tr>
<tr><td rowspan="3">勘察单位</td><td>标段名称</td><td colspan="3"></td></tr>
<tr><td>单位名称</td><td></td><td>资质等级</td><td></td></tr>
<tr><td>主要负责人
/联系方式</td><td></td><td>职称/资格</td><td></td></tr>
<tr><td rowspan="3">设计单位</td><td>标段名称</td><td colspan="3"></td></tr>
<tr><td>单位名称</td><td></td><td>资质等级</td><td></td></tr>
<tr><td>主要负责人
/联系方式</td><td></td><td>职称/资格</td><td></td></tr>
<tr><td rowspan="3">监理单位</td><td>标段名称</td><td colspan="3"></td></tr>
<tr><td>单位名称</td><td></td><td>资质等级</td><td></td></tr>
<tr><td>项目总监
/联系方式</td><td></td><td>资格证书</td><td></td></tr>
</table>

续表

施工单位	标段名称			
	单位名称		资质等级	
	项目经理/联系方式		安全生产考核证书	
	安全负责人/联系方式		安全生产考核证书	
	安全生产专职管理人员		安全生产考核证书	
	主要负责人/联系方式		职称/资格	
……				

备注：1. 单位数量根据实际情况可增加；2. 须持证上岗的人员提供证书复印件；3. 存在信息变更的应及时反馈。

附件 2

工程项目危险性较大的单项工程清单及管理措施

工程名称			
一、达到一定规模的危险性较大的单项工程清单	如涉及请在括号内打√	单项工程名称（部位）	管理措施
（一）基坑支护、降水工程	/	/	
开挖深度达到 3（含）～5m 或虽未超过 3m 但地质条件和周边环境复杂的基坑（槽）支护、降水工程	（ ）		
（二）土方和石方开挖工程	/	/	
开挖深度达到 3（含）～5m 的基坑（槽）的土方和石方开挖工程	（ ）		
（三）模板工程及支撑体系	/	/	
1. 大模板等工具式模板工程	（ ）		
2. 混凝土模板支撑工程：搭设高度 5（含）～8m 的；搭设跨度 10（含）～18m；施工总荷载 10（含）～15kN/m^2；集中线荷载 10（含）～20kN/m；高度大于支撑水平投影宽度且相对独立无联系构件的混凝土模板支撑工程	（ ）		
3. 承重支撑体系：用于钢结构安装等满堂支撑体系	（ ）		
（四）起重吊装及安装拆卸工程	/	/	
1. 采用非常规起重设备、方法，且单件起吊重量在 10（含）～100kN 的起重吊装工程	（ ）		
2. 采用起重机械进行安装的工程	（ ）		
3. 起重机械设备自身的安装、拆卸	（ ）		
（五）脚手架工程	/	/	
1. 搭设高度 24（含）～50m 的落地式钢管脚手架工程	（ ）		
2. 附着式整体和分片提升脚手架工程	（ ）		
3. 悬挑式脚手架工程	（ ）		
4. 吊篮脚手架工程	（ ）		
5. 自制卸料平台、移动操作平台工程	（ ）		

续表

一、达到一定规模的危险性较大的单项工程清单	如涉及请在括号内打√	单项工程名称（部位）	管理措施
6. 新型及异型脚手架工程	（ ）		
（六）拆除、爆破工程	（ ）		
（七）围堰工程	（ ）		
（八）水上作业工程	（ ）		
（九）沉井工程	（ ）		
（十）临时用电工程	（ ）		
（十一）其他危险性较大的工程	（ ）		
二、超过一定规模的危险性较大的单项工程清单	如涉及请在括号内打√	单项工程名称（部位）	管理措施
（一）深基坑工程	/	/	
1. 开挖深度超过5m（含）的基坑（槽）的土方开挖、支护、降水工程	（ ）		
2. 开挖深度虽未超过5m，但地质条件、周围环境和地下管线复杂，或影响毗邻建筑（构筑）物安全的基坑（槽）的土方开挖、支护、降水工程	（ ）		
（二）模板工程及支撑体系	/	/	
1. 工具式模板工程：滑模、爬模、飞模工程			
2. 混凝土模板支撑工程：搭设高度8m及以上；搭设跨度18m及以上，施工总荷载15kN/m^2及以上；集中线荷载20kN/m及以上	（ ）		
3. 承重支撑体系：用于钢结构安装等满堂支撑体系，承受单点集中荷载700kg以上	（ ）		
（三）起重吊装及安装拆卸工程	/	/	
1. 采用非常规起重设备、方法，且单件起吊重量在100kN及以上的起重吊装工程	（ ）		
2. 起重量300kN及以上的起重设备安装工程；高度200m及以上内爬起重设备的拆除工程	（ ）		
（四）脚手架工程	/	/	
1. 搭设高度50m及以上落地式钢管脚手架工程	（ ）		

续表

二、超过一定规模的危险性较大的单项工程清单	如涉及请在括号内打√	单项工程名称（部位）	管理措施
2. 提升高度150m及以上附着式整体和分片提升脚手架工程	（ ）		
3. 架体高度20m及以上悬挑式脚手架工程	（ ）		
（五）拆除、爆破工程	/	/	
1. 采用爆破拆除的工程	（ ）		
2. 可能影响行人、交通、电力设施、通信设施或其他建、构筑物安全的拆除工程	（ ）		
3. 文物保护建筑、优秀历史建筑或历史文化风貌区控制范围的拆除工程	（ ）		
（六）其他	/	/	
1. 开挖深度超过16m的工人挖孔桩工程	（ ）		
2. 地下暗挖工程、顶管工程、水下作业工程	（ ）		
3. 采用新技术、新工艺、新材料、新设备及尚无相关技术标准的危险性较大的分部分项工程	（ ）		
其他情况请附件书面说明	（ ）		
在上述危险性较大的单项工程施工前，我单位承诺将督促施工单位、监理单位按照有关规程规范要求编制专项方案、组织专家论证、建立危险性较大的单项工程安全管理制度，并督促其按确定的方案施工 项目法人（盖章） 年　月　日			

注　工程项目应结合实际填写，没有的项目打“/”，未列入的项目可增加。

附录3　贵州省水利工程建设安全生产监督告知书

____________________工程

安全生产监督告知书

项目法人名称：

你单位关于______________工程的安全生产监督的申请已收悉。

安全生产监督机构名称将依据《水利工程建设安全生产管理规定》，对该工程实施安全生产监督。

你单位应组织编制保证安全生产的措施方案、并在项目开工十五日内报安全生产监督机构名称备案。参建各方要切实履行安全生产主体责任，确保安全生产。

安全生产监督机构（盖章）：
联系人：
联系电话：
电子邮箱：
地址/邮编：

年　月　日

附录 4　安全技术措施备案表

安全技术措施备案表

<table>
<tr><td colspan="2">工程名称</td><td colspan="3"></td></tr>
<tr><td>序号</td><td colspan="2">资 料 名 称</td><td>资料份数</td><td>备　　注</td></tr>
<tr><td>1</td><td colspan="2"></td><td></td><td></td></tr>
<tr><td>2</td><td colspan="2"></td><td></td><td></td></tr>
<tr><td>3</td><td colspan="2"></td><td></td><td></td></tr>
<tr><td>4</td><td colspan="2"></td><td></td><td></td></tr>
<tr><td>5</td><td colspan="2"></td><td></td><td></td></tr>
<tr><td colspan="5">我单位承诺对资料真实性负责
项目法人负责人（项目法人代表）：
（印章）
年　月　日</td></tr>
<tr><td colspan="5">安全生产监督机构意见：
经办人：
（印章）
年　月　日</td></tr>
</table>

附录 5　贵州省水利工程建设安全生产监督工作总计划

________________工程
安全生产监督工作总计划

根据《贵州省水利关于印发〈关于进一步明确贵州省水利工程建设安全监督责任的〉的通知》（黔水监督〔2020〕16号）分级管理的原则，省级水行政主管部门负责组织实施全省大型水库、省级水行政主管部门直接管理的在建工程项目的现场安全监督工作。受贵州省水利厅的委托，贵州省水利工程建设质量与安全中心承担____________水库工程现场安全生产监督工作，具体监督计划如下：

一、工程概况

……

二、安全生产监督工作依据

（一）主要法律法规及规范性文件

1.《中华人民共和国安全生产法》。

2.《建设工程安全生产管理条例》（国务院令第393号）。

3.《水利工程建设安全生产管理规定》（水利部令第26号）。

4.《水利安全生产监督管理办法（试行）》（水监督〔2021〕412号）。

5.《水利部关于开展水利安全风险分级管控的指导意见》（水安监〔2018〕323号）。

6.《水利水电工程施工危险源辨识与风险评价导则（试行）》（办监督函〔2018〕1693号）。

7.《构建水利安全生产风险管控“六项机制”的实施意见》（水监督〔2022〕309号）。

8.《贵州省水利关于印发〈关于进一步明确贵州省水利工程建设安全监督责任的意见〉的通知》（黔水监督〔2020〕16号）。

9.《贵州省安全生产条例》等有关法律法规及规范性文件。

（二）主要规程、规范

1.《水利水电工程施工通用安全技术规程》（SL 398—2007）。

2.《水利水电工程土建施工安全技术规程》（SL 399—2007）。

3.《水利水电工程金属结构与机电设备安装安全技术规程》（SL 400—2007）。

4.《水利水电工程施工作业人员安全操作规程》（SL 401—2007）。

5.《水利水电工程施工安全防护设施技术规范》（SL 714—2015）。

6.《水利水电工程施工安全管理导则》（SL 721—2015）等有关国家和行业规程、规范。

三、安全生产监督期限

从安全生产监督机构接受项目法人申请发放告知书后开始，现场监督检查至工程完工验收时止。

四、安全监督组织形式及联系方式

本工程由贵州省水利工程建设质量与安全中心派出安全监督检查组对工程项目施工现场安全生产管理实施监督检查，本工程监督联络员为________，联系电话为____________。

五、工作方式及主要检查内容

（一）工作方式

本工程安全监督主要采用定期与不定期抽查相结合的方式，不定期检查主要为专项巡查等。

1. 定期检查原则高峰期每季度开展安全监督检查不少于一次，其他时段每年不少于两次；完工验收后，视情况开展施工现场安全监督检查，宜与不定期检查（专项巡查）相结合。

2. 专项巡查按上级有关主管部门或中心安排的检查要求进行。

（二）主要检查内容

安全生产监督工作以有关法律法规、规范性文件及安全生产规程、规范、技术标准等为依据，主要工作内容如下：

1. 接受项目法人报送的保证安全生产措施方案的备案。

2. 根据工程项目安全生产特点和需要，编制安全生产监督计划。

3. 对参建各单位开展安全生产监督工作交底。

4. 对参建单位安全生产管理体系建立及运行进行监督检查。

5. 对工程项目的现场安全生产状况和安全档案资料进行监督检查，形成书面安全检查资料。

6. 对排查出的安全事故隐患，督促项目法人及责任单位及时进行整改，并督促项目法人录入“水利部安全生产信息填报系统”。

7. 编写安全检查报告、专题报告，机组启动验收、阶段验收、技术预验收及竣工验收时编写并提交安全生产监督工作报告等。

8. 对工程项目进行登记建档，并对安全生产监督资料进行档案管理。

9. 根据上级部门安排进行安全监督检查。

10. 参与生产安全事故调查。

六、有关要求

（一）参建各方应积极配合我中心开展的各项安全生产监督检查工作，对于监督检查发现的问题项目法人应督促责任方及时进行整改，在规定的时限内将整改资料以书面形式报我中心备案。

（二）根据有关法律法规的要求，工程存在重大安全事故隐患或发生安全生产事故，项目法人应按有关规定及时报告我中心。

（三）安全监督机构对水利工程施工现场安全生产监督，不代替建设、设计、监理、施工单位的安全生产主体责任。

安全生产监督机构（盖章）

年　月　日

附录6　贵州省水利工程建设安全生产监督年度工作计划

______水库工程20　年度安全生产监督工作计划

根据______水库工程安全生产监督工作总计划，并结合工程项目的建设情况，制定20____年度安全生产监督工作计划，具体计划如下：

一、20____年度工程主要施工内容

依据项目法人提供的工程形象面貌和工程进度计划安排，20____年度工程主要施工内容为：

（一）水库枢纽工程

（二）输水工程

二、安全监督组织形式及工作方式

（一）安全监督组织形式

20____年度由贵州省水利工程建设质量与安全中心派出检查组对本工程施工现场安全生产实施监督检查。

（二）安全监督工作方式

(1) 安全监督主要采用定期抽查与不定期检查相结合的方式开展，不定期检查主要为安全专项巡查。

1. 定期抽查原则上每季度开展1次，本年度计划开展4次，并与不定期检查（安全专项巡查）相结合。

2. 不定期检查本年度计划开展1次。

(2) 根据《水利工程建设质量与安全生产监督检查办法（试行）》和《水利工程建设安全生产监督检查问题清单》的相关要求，安全专项巡查按照检查问题清单对本工程开展安全监督检查。

三、本年度安全监督重点

（一）涉及的危险性较大的单项工程

根据20____年______水库工程主要施工内容和进度计划安排，建设期涉及危险性较大的单项工程主要有：基坑工程、土石方开挖工程、模板工程及支撑体系……地下暗挖工程及其他危险性较大的工程。（根据工程具体情况填写）

（二）施工现场安全生产监督重点

20____年度安全监督重点内容主要包括：全面建立“六项机制”情况，重大危险源、安全风险管控情况，落实水利工程建设安全生产责任保险的情况，事故隐患排查治理（特别是重大事故隐患发现、督促整改和动态清零销号）情况，安全责任主体的资质和各类人员资格，全员安全生产责任制落实，安全责任主体的安全管理体系运行情况，危险性较大的单项工程专项施工方案，安全度汛，安全生产费用使用情况，安全生产教育培训，设施设备安全管理，现场安全作业，应急救援管理等。（根据工程具体情况填写）

安全生产监督机构（盖章）：

年　月　日

附录7　贵州省水利工程建设安全生产监督交底书

______________________工程

安全生产监督交底书

各参建单位：

__工程名称__项目法人于____年____月____日提出了安全生产监督申请，（安全生产监督机构名称）将依据《水利工程建设安全生产管理规定》，对该工程开展施工现场安全生产监督。现就安全生产监督交底如下：

一、安全生产监督工作依据

二、安全生产监督联系人及联系方式

三、安全生产监督工作的主要方式

四、安全生产监督工作的主要内容及重点

五、安全生产监督举报制度及举报方式

六、安全生产事故报告和调查

七、其他事项

交底单位：安全生产监督机构（盖章）

交底人：

接受交底人：见交底记录表

交底时间：　　　年　　月　　日

附录8　贵州省水利工程建设安全生产监督交底记录表

贵州省水利工程建设安全生产监督交底记录表

<table>
<tr><td>工程名称</td><td colspan="4"></td></tr>
<tr><td>交底日期</td><td colspan="2"></td><td>交底地点</td><td></td></tr>
<tr><td colspan="5">交底内容</td></tr>
<tr><td colspan="5">安全生产监督交底内容详见：________工程安全生产监督交底书</td></tr>
<tr><td rowspan="2">项目法人</td><td>单位名称</td><td colspan="3"></td></tr>
<tr><td>项目负责人</td><td></td><td>技术负责人</td><td></td></tr>
<tr><td rowspan="2">勘察单位</td><td>单位名称</td><td colspan="3"></td></tr>
<tr><td>项目负责人</td><td colspan="3"></td></tr>
<tr><td rowspan="2">设计单位</td><td>单位名称</td><td colspan="3"></td></tr>
<tr><td>项目负责人</td><td colspan="3"></td></tr>
<tr><td rowspan="3">监理单位</td><td>单位名称</td><td colspan="3"></td></tr>
<tr><td>项目总监理工程师</td><td colspan="3"></td></tr>
<tr><td>专业监理工程师</td><td colspan="3"></td></tr>
<tr><td rowspan="4">施工单位</td><td>单位名称</td><td colspan="3"></td></tr>
<tr><td>项目经理</td><td colspan="3"></td></tr>
<tr><td>技术负责人</td><td colspan="3"></td></tr>
<tr><td>专职安全生产管理人员</td><td colspan="3"></td></tr>
<tr><td>其他参建
单位人员</td><td colspan="4"></td></tr>
<tr><td>监督机构
交底人员</td><td colspan="4"></td></tr>
</table>

注：以上参会人员必须手写签名。

附录9　贵州省水利工程建设安全生产管理体系建立情况检查表

附表9.1　　项目法人安全管理体系建立情况检查表

工程名称：　　　　　　　　　被检查单位：

检查项目	主要检查内容	检 查 情 况
安全生产目标	安全生产总目标、年度目标	安全生产总目标　□审批并以文件发布　□未审批或发布 安全生产年度目标　□审批并以文件发布　□未审批或发布
现场组织机构	安全生产领导小组	是否成立安全生产领导小组：□成立　□未成立 成员单位有：□项目法人　□设计　□监理 □施工　□其他______ 成员单位是否为主要负责人：□是　□否
	安全生产管理机构	成立文件：
人员配备	项目主要负责人	姓名：　□专职　□兼职
	安全生产管理机构人员情况	专职安全生产管理人员数量：共　人；其中高级职称　人，中级职称　人，初级职称　人。
安全管理责任	全员安全生产责任清单	□建立　□未建立
	是否逐级签订安全生产目标责任书	□是　□否
安全管理制度	安全管理制度不少于14项	安全管理制度共　项 □完善　□基本完善　□不完善
安全风险管控“六项机制”	安全风险管控“六项机制”各项制度	□建立　□未建立
安全计划	安全生产目标管理计划	□编制　□未编制 报项目主管部门　□备案　□未备案
检查中发现的其他问题：		
项目法人现场主要负责人： （签名） 年　月　日	安全监督检查人员： （签名） 年　月　日	

附表 9.2　勘察、设计单位安全管理体系建立情况检查表

工程名称：　　　　　　　　被检查单位：

检查项目	主要检查内容	检查情况
安全生产目标	安全生产总目标、年度目标	安全生产总目标　□审批并发布　□未审批或发布 安全生产年度目标　□审批并发布　□未审批或发布
资质	勘察、设计资质	勘察资质等级：证书编号： 勘察资质：□符合要求　□不符合要求 设计资质等级：证书编号： 设计资质：□符合要求　□不符合要求
机构设置及人员配备	项目主要负责人姓名	
	现场设代机构（设代组）	设代机构或设代组成立：□是　□否
	现场设代机构人员情况	设代人员数量：共　人；其中高级职称　人，中级职称　人，初级职称　人。
安全管理责任	全员安全生产责任清单	□建立　□未建立
	是否逐级签订安全生产目标责任书	□是　□否
安全管理制度	安全管理制度	安全管理制度共　项 □完善　□基本完善　□不完善
安全风险管控“六项机制”	安全风险管控“六项机制”各项制度	□建立　□未建立
检查中发现的其他问题：		
勘察、设计单位现场主要负责人： （签名） 年　月　日	安全监督检查人员： （签名） 年　月　日	

附表 9.3　监理单位安全管理体系建立情况检查表

工程名称：　　　　　　　　　　　　被检查单位：

<table>
<tr><td>检查项目</td><td>主要检查内容</td><td>检 查 情 况</td></tr>
<tr><td>安全生产目标</td><td>安全生产总目标、年度目标</td><td>安全生产总目标　□审批并发布　□未审批或发布
安全生产年度目标　□审批并发布　□未审批或发布</td></tr>
<tr><td rowspan="2">资质</td><td>监理单位资质</td><td>资质等级：资质证书编号：
监理资质：□符合要求　□不符合要求</td></tr>
<tr><td>现场监理机构设置情况</td><td>机构成立文件：
□按投标文件承诺组建　□未按投标文件承诺组建</td></tr>
<tr><td rowspan="3">监理人员</td><td>监理机构人员情况</td><td>人员数量：共　人，其中总监　人，监理工程师　人，专职安全监理人员　人，监理员　人。
机构人员：□符合合同约定　□不符合合同约定</td></tr>
<tr><td>监理机构人员专业及持证人员情况</td><td>专业情况：　专业　人，　专业　人，
专业　人，　专业　人
专业　人，其他　人。
人员专业：□满足需要　□不满足需要</td></tr>
<tr><td>监理机构人员变更情况</td><td>总监理工程师变更：□符合规定　□不符合规定
监理工程师变更人：□符合规定　□不符合规定</td></tr>
<tr><td rowspan="2">安全生产责任</td><td>全员安全生产责任清单</td><td>□建立　□未建立</td></tr>
<tr><td>是否逐级签订安全生产目标责任书</td><td>□是　□否</td></tr>
<tr><td>安全管理制度</td><td>安全管理制度不少于 7 项</td><td>安全管理制度共　项
□完善　□基本完善　□不完善</td></tr>
<tr><td>安全风险管控“六项机制”</td><td>安全风险管控“六项机制”各项制度</td><td>□建立　□未建立</td></tr>
<tr><td colspan="3">检查中发现的其他问题：</td></tr>
<tr><td colspan="2">监理单位现场主要负责人：

（签名）
年　月　日</td><td>安全监督检查人员：

（签名）
年　月　日</td></tr>
</table>

附表 9.4　施工单位安全管理体系建立情况检查表

工程名称：　　　　　　　　被检查单位：

检查项目	主要检查内容	检查情况
安全生产目标	安全生产总目标、年度目标	安全生产总目标　□审批并发布　□未审批或发布 安全生产年度目标　□审批并发布　□未审批或发布
资质及组织机构	施工单位资质	安全生产许可证： 资质等级：　　　　资质证书编号： 施工资质：□符合要求　□不符合要求
	安全生产管理机构	成立文件： 安全生产管理机构：□有　□无 是否报项目法人备案：□是　□否
	安全生产领导小组	是否成立安全生产领导小组：□成立　□未成立
人员	项目经理	到岗情况：□到岗　□未到岗 变更情况：□未变更　□变更符合规定　□变更不符合规定
	技术负责人	到岗情况：□到岗　□未到岗 变更情况：□未变更　□变更符合规定　□变更不符合规定
	专职安全生产管理员	到岗情况：到岗　　人，持证　　人。 持证情况：□满足合同约定　□不满足合同约定
	特种作业人员	到岗情况：到岗　　人，持证　　人。 持证情况：□满足工程需要　□不满足工程需要 是否备案：□已备案　□未备案
安全生产责任	全员安全生产责任清单	□建立　□未建立
	是否逐级签订安全生产目标责任书	□是　□否
安全生产制度	安全管理制度不少于 21 项	安全管理制度共　　项 □完善　□基本完善　□不完善
	安全风险管控“六项机制”各项制度	□建立　□未建立
安全计划	安全生产目标管理计划、安全费用提取和使用计划、安全教育培训计划	□编制　□未编制
检查中发现的其他问题：		
施工单位现场主要负责人： （签名） 年　月　日	安全监督检查人员： （签名） 年　月　日	

附录 10　贵州省水利工程建设安全生产管理体系运行情况检查表

附表 10.1　项目法人安全生产管理体系运行情况检查表

工程名称：　　　　　　　　　被检查单位：

序号	检查项目	主要检查内容	检查意见
1	安全生产目标	（1）安全生产年度目标的制定与分解。 （2）每半年对有关参建单位安全生产目标进行考核	
2	安全生产管理制度	（1）行文明确本单位适用的工程建设安全生产的规章、规范性文件、技术标准情况。 （2）本工程建设项目相关安全生产管理制度执行情况	
3	安全生产管理机构	安全生产管理机构、配备专职或兼职安全管理人员变更情况	
4	全员安全生产责任制	（1）相关人员职责和权利、义务明确。 （2）检查合同单位全员安全生产责任制（分解到各相关岗位和人员）	
5	安全生产领导小组全体会议及安全生产例会	（1）每季度召开安全生产领导小组全体会议。 （2）每月召开安全生产例会。 （3）适时召开安全生产专题会议。 （4）会议记录完整。 （5）会议要求落实	
6	施工单位安全生产许可证	（1）资格审查时已对安全生产许可证进行审查。 （2）对分包单位安全生产许可证进行审查。 （3）建设过程中安全生产许可证有效性审查	
7	“三类人员”安全生产考核合格证	（1）进场时，核查“三类人员”安全生产考核合格证。 （2）建设过程中新进人员安全生产考核合格证核查。 （3）建设过程中安全合格证的有效性核查	
8	安全生产费用使用	检查内容详见附录 12	

续表

序号	检查项目	主要检查内容	检查意见
9	生产安全事故应急预案管理	(1) 预案完整并具有可操作性。 (2) 本单位预案与其他相关预案衔接合理。 (3) 按期演练。 (4) 应急管理队伍完整。 (5) 应急通讯录完整、更新及时。 (6) 督促相关单位制定预案	
10	安全生产风险管控"六项机制"执行情况	检查内容详见附录11	
11	事故报告	(1) 报告制度建立情况。 (2) 生产安全事故及时报告情况	
12	杜绝使用国家公布淘汰的工艺、设备、材料(严重危及施工安全)	(1) 工艺。 (2) 设备。 (3) 材料	
13	影响施工现场及毗邻区域管线及工程安全的资料	(1) 招标时提供。 (2) 完整、准确、真实。 (3) 符合有关技术规范	
14	拆除工程或爆破工程	(1) 施工单位资质。 (2) 备案及时。 (3) 备案资料完整	
15	度汛安全	(1) 按照"水建设〔2024〕16号文件"编制大纲编制度汛方案、超标准洪水应急预案。 (2) 每年主汛期前1个月编制完成,召开专家咨询论证、印发各参建单位,报水行政主管部门备案。 (3) 重点工程的度汛方案、超标准洪水应急预案须通过专家咨询论证后,报负责项目监管的水行政主管部门批准,超标准洪水应急预案报属地防汛指挥机构备案。 (4) 组织落实度汛措施	

续表

<table>
<tr><th>序号</th><th>检查项目</th><th>主要检查内容</th><th>检查意见</th></tr>
<tr><td>16</td><td>安全生产信息填报</td><td>次月6日之前上报水利安全生产信息填报系统</td><td></td></tr>
<tr><td colspan="4">检查中发现的其他问题：</td></tr>
<tr><td colspan="3">项目法人现场主要负责人：

（签名）
年　月　日</td><td>安全监督检查人员：

（签名）
年　月　日</td></tr>
</table>

附表 10.2　勘察设计单位安全生产管理体系运行情况检查表

工程名称：　　　　　　　　　　　　被检查单位：

序号	检查项目	主要检查内容	检查意见
1	安全生产目标	（1）年度目标的制定与分解 （2）每季度对内部各部门和管理人员进行考核	
2	工程建设强制性标准	（1）强制性标准识别及执行情况	
		（2）标准适用正确	
3	工程重点部位和环节防范生产安全事故指导意见	（1）工程重点部位明确	
		（2）工程建设关键环节明确	
		（3）指导意见明确	
		（4）指导及时、有效	
4	设计交底	（1）交底及时、有效	
		（2）交底记录完整	
5	“三新”（新结构、新材料、新工艺）及特殊结构防范生产安全事故措施建议	（1）工程“三新”明确	
		（2）特殊结构明确	
		（3）措施建议及时有效	
6	安全生产风险“六项机制”	安全生产风险“六项机制”执行情况	
7	事故分析	（1）无设计原因造成的事故	
		（2）参与事故分析	
8	文件审签及标志	（1）施工图纸单位证章	
		（2）责任人签字	
		（3）执业证章	

检查中发现的其他问题：

勘察、设计单位现场主要负责人： （签名） 年　月　日	安全监督检查人员： （签名） 年　月　日

附表 10.3 监理单位安全生产管理体系运行情况检查表

工程名称： 被检查单位：

<table>
<tr><th>序号</th><th>检查项目</th><th>主要检查内容</th><th>检查意见</th></tr>
<tr><td>1</td><td>安全生产目标</td><td>(1) 年度目标的制定与分解
(2) 每季度对内部各部门和管理人员进行考核</td><td></td></tr>
<tr><td>2</td><td>监理资质</td><td>监理资质有效性</td><td></td></tr>
<tr><td>3</td><td>人员变更</td><td>监理人员变更情况</td><td></td></tr>
<tr><td rowspan="2">4</td><td rowspan="2">监理规划、监理细则中有关安全生产措施执行情况等</td><td>(1) 编制危险性较大单项工程监理规划、实施细则，制定工作流程、方法和措施</td><td></td></tr>
<tr><td>(2) 执行情况</td><td></td></tr>
<tr><td rowspan="3">5</td><td rowspan="3">工程建设强制性标准符合性审查</td><td>(1) 相关强制性标准要求识别完整</td><td></td></tr>
<tr><td>(2) 标准适用正确</td><td></td></tr>
<tr><td>(3) 发现不符合强制性标准时，是否整改</td><td></td></tr>
<tr><td rowspan="4">6</td><td rowspan="4">施工组织设计的安全措施和专项施工方案审查</td><td>(1) 审查施工组织设计</td><td></td></tr>
<tr><td>(2) 审查专项施工方案</td><td></td></tr>
<tr><td>(3) 相关审查意见有效</td><td></td></tr>
<tr><td>(4) 安全生产措施执行情况，进行旁站监督</td><td></td></tr>
<tr><td rowspan="2">7</td><td rowspan="2">全员安全生产责任制</td><td>(1) 相关人员职责和权利、义务明确</td><td></td></tr>
<tr><td>(2) 检查施工单位安全生产责任制</td><td></td></tr>
<tr><td rowspan="3">8</td><td rowspan="3">监理例会制度</td><td>(1) 按期召开例会</td><td></td></tr>
<tr><td>(2) 会议记录完整</td><td></td></tr>
<tr><td>(3) 会议要求检查落实</td><td></td></tr>
<tr><td rowspan="3">9</td><td rowspan="3">生产安全事故报告制度等执行情况</td><td>(1) 报告制度</td><td></td></tr>
<tr><td>(2) 及时报告</td><td></td></tr>
<tr><td>(3) 处理措施检查监督</td><td></td></tr>
<tr><td>10</td><td>执业情况</td><td>执业人员签字符合权限</td><td></td></tr>
<tr><td>11</td><td>安全风险管控“六项机制”执行情况</td><td>检查内容详见附录 11</td><td></td></tr>
<tr><td colspan="4">检查中发现的其他问题：</td></tr>
<tr><td colspan="2">监理单位现场主要负责人：

（签名）
年 月 日</td><td colspan="2">安全监督检查人员：

（签名）
年 月 日</td></tr>
</table>

附表 10.4 施工单位安全生产管理体系运行情况检查表

工程名称： 被检查单位：

序号	检查项目	主要检查内容	检查意见
1	安全生产目标	（1）年度目标的制定与分解 （2）每季度对内部各部门和管理人员进行考核	
2	单位人员资质、资格及变更情况	（1）单位资质	
		（2）项目经理变更	
		（3）分包单位资质	
		（4）分包项目经理资格	
3	安全生产许可证	（1）本单位许可证	
		（2）分包单位许可证	
4	安全生产管理机构设立和人员配备	（1）安全生产管理机构设立	
		（2）安全生产管理人员到位变更	
5	现场专职安全生产管理人员配备	（1）人员数量满足需要	
		（2）人员跟班作业	
6	全员安全生产责任制	（1）相关人员职责和权利、义务明确	
		（2）单位与现场机构责任明确	
		（3）检查分包单位安全生产责任制（包括总包与分包的安全生产协议）	
7	安全生产教育培训	（1）制度明确、有效实施、培训经费落实	
		（2）三级安全教育学时应符合规定	
		（3）所有员工每年至少培训一次	
		（4）进入新工地或换岗培训、班前安全教育	
		（5）使用“四新”（新技术、新材料、新设备、新工艺）培训	
		（6）培训档案齐全	
8	安全领导小组会议及安全生产例会	（1）每季度召开安全生产领导小组会议	
		（2）每周由项目部主要负责人召开安全生产例会	
		（3）会议记录完整	
		（4）会议要求检查落实	

续表

序号	检查项目	主要检查内容	检查意见
9	定期安全生产检查制度	（1）制度明确	
		（2）执行有效	
		（3）整改验收情况	
		（4）记录完整	
10	制定安全生产规章和安全生产操作规程	（1）制度明确	
		（2）内容齐全、执行有效	
11	“三类人员”安全生产考核合格证	（1）施工企业主要负责人	
		（2）项目负责人	
		（3）专职安全生产管理人员	
12	特种作业人员资格证	（1）特种作业人员资格证是否符合，是否报监理审核	
		（2）资格证有效期	
13	安全生产费用提取及使用	检查内容详见附录12	
14	事故报告	（1）报告制度	
		（2）及时报告	
15	分包合同管理	（1）安全生产权利、义务明确	
		（2）安全生产管理及时、有效	
16	专项施工方案	（1）危险性较大的单项工程编制专项施工方案	
		（2）危险性较大的单项工程验收合格	
		（3）由技术负责人组织施工技术、安全、质量等部门的专业技术人员进行审核，应由施工单位技术负责人签字确认	
		（4）超过一定规模的危险性较大工程由施工单位组织专家论证，专家不少于5名，高级职称以上，从事专业15年以上，参建单位专家不得参与论证	
		（5）审批手续完备，经施工单位技术负责人、总监理工程师、项目法人负责人审核签字，方可组织实施	
		（6）专项施工方案执行情况，是否有专人对专项施工方案实施情况进行旁站监督	

续表

序号	检查项目	主要检查内容	检查意见
17	施工前安全技术交底	（1）项目技术人员向施工作业班组	
		（2）班前施工作业班组向作业人员	
		（3）签字手续完整	
18	安全风险管控“六项机制”执行情况	检查内容详见附录 11	
19	专项防护措施	（1）毗邻建筑物、地下管线	
		（2）粉尘、废气、废水、固体废物、噪声、振动	
		（3）施工照明	
20	安全防护用具、机械设备、机具	（1）生产许可证	
		（2）产品合格证	
		（3）进场前查验	
		（4）制度明确并有专人管理	
		（5）定期检查、维修和保养	
		（6）资料档案齐全	
		（7）使用有效期	
21	特种设备	（1）施工起重设备验收	
		（2）整体提升脚手架验收	
		（3）自升式模板验收	
		（4）租赁设备使用前验收	
		（5）特种设备使用有效期	
		（6）验收合格证标志置放	
		（7）特种设备合格证或安全检验合格标志	
		（8）维修保养制度建立和维修、保养、定期检测落实	
22	危险作业人员	（1）危险作业明确	
		（2）保险有效期	
		（3）保险费用支付	

续表

<table>
<tr><th>序号</th><th>检查项目</th><th>主要检查内容</th><th>检查意见</th></tr>
<tr><td rowspan="3">23</td><td rowspan="3">工程度汛</td><td>（1）根据批准的度汛方案和超标准洪水应急预案，制定防汛度汛及抢险措施</td><td></td></tr>
<tr><td>（2）度汛形象面貌是否满足度汛方案要求</td><td></td></tr>
<tr><td>（3）度汛措施审批、实施，是否开展防汛抢险演练</td><td></td></tr>
<tr><td colspan="4">检查中发现的其他问题：</td></tr>
<tr><td colspan="2">施工单位现场主要负责人：

（签名）
年　月　日</td><td colspan="2">安全监督检查人员：

（签名）
年　月　日</td></tr>
</table>

附录11　安全风险管控“六项机制”执行情况检查表

安全风险管控“六项机制”执行情况检查表

序号	检查项目	主要检查内容		检查意见
1	查找机制	建立安全风险分级管控制度	安全风险分级管控制度是否明确危险源辨识、风险评价、风险预警、风险管控的程序、方法、频次和责任等	
			新开工工程项目，项目法人是否组织参建单位在开工前制定本项目安全风险分级管控制度，已开工建设项目是否按照要求及时补充完善相关制度	
		开展危险源辨识	是否确定危险源名称、所在位置、类别、级别、事故诱因、可能导致的后果	
			辨识是否覆盖本项目所有区域、场所、部位和外部环境；覆盖所有工艺流程、设施、设备、工作面和管理体系；覆盖所有部门、岗位和人员，以及所有危险物品；是否将外委、外包、外租等项目、工作、场所纳入辨识范围	
			是否采取直接判定法、安全检查表法、预先危险性分析法及因果分析法等方法进行辨识。项目法人是否组织各参建单位按照水利部印发的《水利水电工程施工危险源辨识与风险评价导则（试行）》进行辨识	
			新开工项目在开工前，项目法人是否组织全面开展一次危险源辨识及风险评价工作。各施工单位是否开展各自标段的危险源辨识及风险评价工作；已开工项目，各标段施工单位是否按照制度规定开展各自标段的辨识评价工作	
		建立危险源清单	是否由项目法人统一编制，包括危险源名称、类别、位置、级别、事故诱因、可能导致的后果等	

续表

序号	检查项目	主要检查内容		检查意见
1	查找机制	动态辨识	施工单位是否根据控制度确定的辨识周期动态辨识，每季度应至少开展一次；达到或超过一定规模的危险性较大单项工程施工过程中，是否结合实际适时组织动态辨识，施工时间少于3个月的，是否至少开展一次辨识	
			是否及时重新辨识：相关法律法规、技术标准发布或修订；相关要素发生较大变化，发生生产安全事故，首次采用尚无相关技术标准的新技术、新材料、新设备、新工艺；上级主管部门监督检查发现新的重大风险危险源	
2	研判机制	评价风险等级	项目法人是否组织各参建单位对所辨识危险源的风险等级逐一进行评价	
			风险等级是否分为重大风险、较大风险、一般风险和低风险；重大危险源的风险等级是否直接评定为重大风险；一般危险源是否采用作业条件危险性分析法（LEC）、安全检查表法等方法进行分析评定	
		建立重大风险危险源专项档案	是否包括重大风险危险源基本情况、安全管理制度及安全操作规程、安全监测监控记录、安全风险警示牌设置记录、维修养护记录、“一源一案”及应急演练记录等资料	
3	预警机制	落实监测监控措施	项目法人是否组织各参建单位对较大及以上风险危险源逐一明确监测监控措施、监测频次、监测指标及预警阈值，建立危险源监控清单	
			是否优先采用自动监测方式，加强对危险源特别是重大风险危险源进行监测监控，确定的监测监控措施、频次、指标及预警阈值是否合理，是否按照规定开展人工校核，以确保监测设施设备正常运行	
			各参建单位是否记录保存监测监控、值班值守、巡查检查及设备设施维护保养等资料	

续表

序号	检查项目	主要检查内容		检查意见
3	预警机制	严格值班值守	是否建立值班值守制度和事故信息报告制度，制定值班计划和人员安排表，值班人员是否规范填写值班、交接班等记录	
			是否落实与属地水行政主管部门、应急管理部门以及应急救援队伍的常用、备用联系方式，通信联络和信息渠道是否畅通	
			项目法人是否对值班人员进行培训、管理和考核，确保值班人员掌握必要的预警和应急处置知识，及时妥善处置，是否做好记录	
		及时实施预警	当监测指标值超过预警阈值后，是否立即采取相应管控措施和应急处置措施	
			当风险得到有效控制后，是否解除预警，并认真查找存在的问题，并完善相关措施	
4	防范机制	落实风险分级管控责任	项目法人是否编制风险分级管控责任表，现场管控责任人是否由一线员工担任	
			组织管控责任人、监督责任人是否根据风险等级分别确定；采用代建制、总承包模式的，是否按照专门的原则确定	
			当某一等级风险的危险源缺少对应的管控层级或不属于对应管控层级职能范围时，是否明确管控责任主体或提级管控	
		落实风险分级管控措施	是否建立危险源管控措施清单，较大及以上风险危险源管控措施逐一制定	
			是否开展风险公告措施，设置安全风险空间分布图、安全风险公告栏、重大风险警示牌、岗位风险告知卡、安全警示标志等，是否随危险源和风险的动态变化及时更新，是否及时告知从业人员、外来人员和可能直接受影响的单位和人员	

续表

序号	检查项目	主要检查内容		检查意见
4	防范机制	落实风险分级管控措施	是否采取工程技术措施，包括消除或减弱、替代、封闭、隔离、移开或改变方向等	
			是否采取管理措施，包括制定实施作业程序、安全许可、安全操作规程，合理调控作业时间、减少暴露时间，监测监控、巡查，警报和警示信号，签订协议，购买安全生产责任保险，其他管理措施等	
			项目法人是否采取教育培训措施，组织从业人员开展教育培训	
			是否采取个体防护措施，配备并规范佩戴符合标准的个体防护用品	
			项目法人是否组织施工单位采取应急处置措施，编制现场处置方案、应急处置卡	
			项目法人是否组织各参建单位结合危险源动态辨识情况，对风险管控措施每季度至少评估一次，当危险源或风险等级发生变化时，是否重新评估	
			项目法人是否及时将重大风险危险源通过水利安全生产监管信息系统报送负有直接监管责任的主管部门备案	
			项目法人是否编制危险源信息表，包括危险源名称、位置、类别、级别、风险等级、监测方式及频次、管控措施、较大及以上风险危险源预警条件、监督责任人、组织管控责任人、现场管控责任人及联系方式等与危险源相关的各项信息	
		编制危险源辨识与风险评价报告	首次编制危险源辨识与风险评价报告，是否由各参建单位现场管理机构主要负责人、项目法人安全管理部门负责人和分管安全生产负责人签字确认	
			报告内容是否包括工程简介、辨识与评价主要依据、辨识与评价方法、辨识与评价内容、安全管控措施、应急预案、管控责任等	
			开展危险源动态辨识时是否同步更新危险源信息表	

续表

序号	检查项目	主要检查内容		检查意见
4	防范机制	及时排查治理事故隐患	项目法人是否组织各参建单位制定隐患排查治理制度，明确危险源现场管控责任人、组织管控责任人和监督责任人及其他相关人员的隐患排查治理责任、排查频次、隐患整改等要求，重大事故隐患判定标准是否纳入隐患排查治理制度	
			项目法人是否组织各参建单位将学习掌握重大事故隐患判定标准纳入本项目安全生产教育培训计划并组织实施	
			项目法人主要负责人是否每月至少一次对本项目重大事故隐患排查治理情况带队进行检查，各参建单位是否按照制度定期对危险源管控措施落实情况进行检查	
			一般隐患是否立即整改	
			重大事故隐患不能立即整改的是否做到责任、措施、资金、时限和预案“五落实”，及时报告整改情况	
			是否如实记录事故隐患排查治理情况，并通过职工大会或者职工代表大会、信息公示栏等方式向从业人员通报	
			重大事故隐患是否按照省安委办黔安办〔2023〕8号文件相关要求整改闭环	
			是否建立隐患排查治理工作台账，包括事故隐患整改通知书、事故隐患整改通知回复单、事故隐患排查治理统计表等	
5	处置机制	建立健全应急预案	项目法人、施工单位是否分别组织开展本项目、本标段安全事故风险分析，建立和完善本项目、本标段生产安全事故应急预案（事故风险单一、危险性小、施工作业人员较少的建设项目，可以只编制现场处置方案）	
			应急预案是否包括向相关主管部门报告的内容、应急组织机构和人员的联系方式、应急物资储备清单等附件信息	

续表

序号	检查项目	主要检查内容		检查意见
5	处置机制	建立健全应急预案	应急预案是否经专家评审或者论证，是否由项目法人、施工单位主要负责人签署印发，并及时发放至各参建单位现场管理机构、岗位、从业人员和相关应急救援队伍	
			是否通过水利安全生产监管信息系统向县级以上地方水行政主管部门办理应急预案备案手续	
			项目法人是否定期开展应急预案评估；应急组织指挥体系与职责、应急处置程序、主要处置措施、应急响应分级等内容变更的，是否及时修订并重新备案	
		明确应急队伍及物资	项目施工单位是否建立与项目规模、施工实际相适应的专职或兼职应急救援队伍（投资较少、工期较短的项目法人，可以不建立应急救援队伍，但应当指定兼职的应急救援人员，也可以与邻近的应急救援队伍签订应急救援协议）	
			是否配备必要的应急救援器材、设备和物资，并建立应急装备和物资台账，明确专人管理，定期检查、维护、更新	
		开展应急演练	项目法人和施工单位是否每半年组织一次生产安全事故应急预案演练，演练前是否编制方案并准备物资；演练方案是否包括演练目的及要求、事故情景、参与人员及范围、时间与地点、主要任务及职责、筹备工作内容、主要工作步骤、技术支撑及保障条件、评估与总结等内容	
			项目法人主要负责人是否按照演练方案组织开展应急演练，并做好演练过程记录，参与人员签到表、演练照片或视频记录等材料是否齐备	
			应急演练结束后，项目法人是否对演练过程进行评估，并编制评估报告，修订完善应急预案；评估报告是否包括演练基本情况、演练评估过程、演练情况分析、改进的意见和建议等主要内容	

续表

序号	检查项目	主要检查内容		检查意见
5	处置机制	开展应急处置	险情发生后，项目法人和各参建单位是否迅速启动事故应急响应，是否优先组织抢救遇险人员，并采取必要措施，防止事故危害扩大和次生、衍生灾害发生	
			是否按照规定时限和要求及时报告事故信息	
6	责任机制	全员安全生产责任制	项目法人和各参建单位是否建立全员安全生产责任制，是否明确各级负责人、各职能部门和各岗位工作人员安全生产责任范围、履责要求；是否以正式文件印发至每个岗位和人员	
			是否逐级明确安全生产责任和履责要求	
			项目法人主要负责人是否组织制定包括“六项机制”在内的年度安全生产教育培训计划	
		开展教育培训	是否对项目法人和各参建单位现场管理机构主要负责人、安全生产管理人员、特种作业人员和其他从业人员，以及劳务派遣、灵活用工、对外委托协作单位人员等按照相关要求进行培训，学时是否满足要求	
			项目法人和各参建单位是否建立安全生产教育培训档案，并如实记录培训时间、内容、参加人员以及培训考核结果等情况	
		开展责任制考核	项目法人和各参建单位是否制定安全生产岗位责任考核办法，是否明确考核周期和考核结果应用等内容	
			项目法人和各参建单位是否根据考核办法定期开展考核，并检查岗位责任落实和有关指标完成情况，兑现奖惩措施	
			项目法人是否组织各参建单位制定本项目安全生产奖惩制度，并严格各参建单位安全生产履约管理	
			项目法人是否积极配合有关部门做好生产安全事故的调查和处理，并按照“四不放过”原则实施事故责任追究	

续表

<table>
<tr><td>序号</td><td>检查
项目</td><td>主要检查内容</td><td>检查意见</td></tr>
<tr><td colspan="4">检查中发现的其他问题：</td></tr>
<tr><td colspan="3">项目法人现场主要负责人：

（签名）
年　月　日</td><td>安全监督检查人员：

（签名）
年　月　日</td></tr>
</table>

附录12　安全生产费用监督检查表

安全生产费用监督检查表

工程名称：

序号	检查单位	主要检查内容	检查意见
1	项目法人	是否在工程建设实施阶段按合同约定向施工单位支付安全生产费用；是否调减或挪用批准概算中所确定的安全生产费用，是否监督施工单位落实安全作业环境及安全生产费用	
		是否在合同中单独约定并于工程开工日一个月内向施工单位支付至少50%安全生产费用，对于建设周期长，资金投入量大的跨年度项目，检查项目法人是否按照年度预算安全生产费用的至少50%予以拨付	
		是否建立健全安全生产费用管理制度	
		是否每半年组织有关参建单位和专家对安全生产费用使用落实情况进行检查，是否对检查存在的问题通知有关参建单位并及时进行整改	
		是否及时组织各参建单位对安全生产设施进行验收，是否及时支付相关安全生产费用	
2	监理单位	在工程建设实施阶段，是否对施工单位编制的安全生产费用总体及年度使用计划进行审核，并报项目法人同意后执行	
		是否及时对施工单位申报的安全生产费用支出进行审核、签证，是否建立监理审核台账，审核通过的安全生产费用开支应与票据、签证和实物相对应	
		是否对施工单位落实安全生产费用情况进行监理，并在监理月报中反映监理及施工单位安全生产工作开展情况、工程现场安全状况和安全生产费用使用情况	
3	总承包单位	总承包单位实行分包的分包合同中是否明确分包工程的安全生产费用由总承包单位监督使用	
		总包单位是否在合同中单独约定并于分包工程开工日一个月内将至少50%企业安全生产费用直接支付分包单位并监督使用，分包单位不再重复提取	
		总承包单位对安全生产费用的使用负总责，分包单位对所分包工程的安全生产费用的使用负直接责任，总承包单位应定期检查评价分包单位施工现场安全生产费用使用情况	

续表

<table>
<tr><th>序号</th><th>检查单位</th><th>主要检查内容</th><th>检查意见</th></tr>
<tr><td rowspan="8">4</td><td rowspan="8">施工单位</td><td>是否按《企业安全生产费用提取和使用管理办法》的通知（财资〔2022〕136 号）文件要求，按 2.5%提取安全生产费用，编制总体及年度提取计划</td><td></td></tr>
<tr><td>是否落实安全生产投入主体责任，安全生产费用是否足额提取，根据项目生产经营实际需要，是否按规定及时足额使用安全生产费用，是否据实开支并符合规定，项目专项核算和归集安全生产费用，真实反映安全生产条件改善投入，是否存在挤占、挪用</td><td></td></tr>
<tr><td>施工单位是否及时购买从业人员工伤保险、安全生产责任保险以及项目法人与施工单位合同约定的其他保险，保险服务商是否及时为施工单位提供事故预防服务</td><td></td></tr>
<tr><td>是否在开工前编制总体和年度安全生产费用使用计划，经监理单位审核报项目法人同意后执行</td><td></td></tr>
<tr><td>提取的安全费用是否有安全费用使用台账，台账应按月度统计、年度汇总</td><td></td></tr>
<tr><td>是否按照安全生产措施计划和安全生产费用使用，计划开展安全生产工作、使用安全生产措施费用，并在施工月报中反映安全生产工作开展情况、危险源监测管理情况、事故隐患排查治理情况、现场安全生产状况和安全生产费用使用情况</td><td></td></tr>
<tr><td>是否定期组织对本单位包括分包单位安全生产费用使用情况进行检查，并对存在的问题进行整改</td><td></td></tr>
<tr><td>是否编制年度安全生产费用总结，对本年度安全生产费用使用情况进行评估、考核，并及时调整总体安全费用使用计划</td><td></td></tr>
<tr><td colspan="4">检查中发现的其他问题：</td></tr>
<tr><td colspan="3">被检查单位（负责人签字）：

年　月　日</td><td>检查人（签字）：

年　月　日</td></tr>
</table>

附录 13　贵州省水利工程建设安全生产监督检查表

贵州省水利工程建设安全生产监督检查表

<table>
<tr><td>工程名称</td><td></td><td>检查时间</td><td></td></tr>
<tr><td colspan="4">检查内容：

存在问题：

整改要求：
1. 请你单位结合本次检查情况，做到举一反三，能够马上整改的问题立行立改，不能立即整改的，制定整改时限，明确责任人督促整改落实，并于　　年　　月　　日前向我中心（联系人：　　电话　　；邮箱：　　）反馈整改情况（材料应含整改影像）。
2.</td></tr>
<tr><td>检查单位</td><td></td><td>检查人员签名</td><td></td></tr>
<tr><td>被检查单位</td><td></td><td>负责人签名</td><td></td></tr>
</table>

附录 14 贵州省安全生产监督文件材料归档范围和档案保管期限表

贵州省安全生产监督文件材料归档范围和档案保管期限表

序号	应归档文件材料范围	保管期限	备注
1	上级部门颁布的有关水利工程安全生产法规、制度、标准等法规性文件材料	永久	
2	安全生产监督机构管理制度、检查制度、教育培训制度、工作考核制度、工作会议制度、信息填报制度、安全事故隐患排查治理制度、安全生产档案管理制度、廉政建设管理制度等	永久	
3	安全生产监督告知书	永久	
4	安全技术措施备案文件材料	30 年	
5	安全生产监督交底文件材料	30 年	
6	安全生产监督工作总计划	30 年	
7	年度安全生产监督工作计划	30 年	
8	项目法人（建设单位）、项目管理单位、监理单位、总承包单位、设计单位、施工单位体系检查表的备案文件材料	30 年	
9	项目法人、勘察（测）设计单位、监理单位、施工单位安全生产体系检查表的备案文件材料	30 年	
10	项目法人安全生产备案与信息报送文件材料	30 年	
11	安全生产监督巡查、检查、其他安全检查通知、记录、会议纪要及整改反馈文件材料		
11.1	重要的	永久	
11.2	一般的	30 年	
11.3	事务的	10 年	
12	安全生产事故有关文件材料		
12.1	重大的	永久	
12.2	较大的	30 年	
12.3	一般的	10 年	

续表

序号	应归档文件材料范围	保管期限	备注
13	安全生产监督年度报告	30年	
14	项目安全生产监督工作报告	永久	
15	安全生产投诉和举报调查处理相关文件材料		
15.1	重要的	永久	
15.2	一般的	30年	
16	影像文件材料	永久	
17	其他	30年	

附录 15　施工现场安全生产监督检查主要事项

附录 15.1

安全管理和文明施工检查主要事项

序号	检查项目	检　查　内　容
1	安全标志标牌	（1）在现场主要区域、危险部位、设施按规定悬挂安全标志和标识。 （2）按部位和现场设施的改变调整安全标志设置。 （3）设置重大危险源和危险性较大的单项工程公示牌
2	安全管理	（1）员工宿舍必须设有符合紧急疏散需要、标志明显、保持畅通的出口，禁止锁闭、封堵员工宿舍出口。 （2）禁止在尚未竣工的建筑物内设置员工集体宿舍。 （3）必须对因工程施工可能造成损害的毗邻建筑物、构筑物和地下管线等采取专项防护措施。 （4）作业人员服从管理，遵守安全生产规章制度或者操作规程。 （5）按已批准的施工组织设计中安全管理措施或危险性较大的单项工程安全专项施工方案组织实施
3	现场布局	（1）施工现场按平面布置图布设。 （2）施工现场拌和站、钢筋厂、木工厂、预制场等应距主体工程就近设置，场地硬化，布局合理。 （3）易燃易爆物品的选址按要求设置
4	施工场地管理	（1）现场道路畅通、路面平整坚实，主要道路进行硬化处理。 （2）现场作业、运输、材料存放等防尘措施齐全有效。 （3）排水设施齐全，排水通畅无积水。 （4）材料、构件等堆放布局合理、堆放整齐、标明名称、规格，符合施工总平面布置图要求。 （5）施工机械设备和车辆停放有序。 （6）施工垃圾及时清运，采用合理措施处置，做到工完场地清
5	封闭管理	（1）施工现场预制场、拌和站和较大的单体构筑物周边应设置围挡，围挡高度不低于 2m。 （2）施工现场出入口设置大门和门卫室，建立门卫制度。 （3）进入施工现场的管理人员佩戴工作卡（证件）

续表

序号	检查项目	检　查　内　容
6	临时设施管理	（1）施工作业区、材料存放区与办公生活区分开设置，场地硬化。 （2）宿舍设有床铺和通道，床铺不超过2层、不用通铺。 （3）宿舍采取保暖、防煤气中毒和防蚊蝇措施，设置可开启式窗户。 （4）生活用品摆放整齐、环境卫生良好
7	消防管理	（1）生产生活用房建筑构件的燃烧性能等级达到A级。 （2）制定消防制度、措施和预案，定期组织培训演练。 （3）现场临时设施的材质和选址符合环保、消防要求。 （4）易燃材料不随意堆放，灭火器材布局、配置合理、不失效。 （5）设置消防水源且满足消防要求，消防通道畅通
8	环境保护	（1）项目部制定固体废弃物和废水等环境污染物的处置措施。 （2）采取防止泥浆、污水、废水外流排进河道措施。 （3）混凝土搅拌站设置沉淀池
9	公示标牌	（1）大门口处设置“五牌一图”（工程概括牌、管理人员名单及监督电话牌、消防保卫牌、安全生产牌、文明施工牌和施工现场平面布置图），内容齐全。 （2）标牌设置规范、整齐，合理张挂安全生产宣传标语
10	生活设施	（1）现场人员卫生饮水有保障。 （2）食堂办理卫生许可证，炊事人员办理健康证。 （3）食堂与厕所、垃圾站、有毒有害场所间距符合规范，食堂内环境卫生，配有排烟、冷藏、防鼠等设施，燃气罐放置合理。 （4）厕所的数量或布局满足现场人员需求，符合卫生要求。 （5）生活垃圾装容器并及时清理
11	其他	法律法规、规章、规程规范及设计文件规定的其他检查内容

附录 15.2

高处作业检查主要事项

序号	检查项目	检 查 内 容
1	高处作业	(1) 按规定设置高处作业平台。 (2) 高处作业平台设置符合规范要求。 (3) 按规定设置爬梯，爬梯的强度、构造符合规定。 (4) 按规定设置安全带悬挂点
2	攀登作业	(1) 移动式梯子的梯脚底部无垫高使用情形。 (2) 折梯使用有可靠拉撑装置。 (3) 梯子的制作质量或材质符合要求
3	悬空作业	(1) 悬空作业处设置防护栏杆或其他可靠的安全设施。 (2) 悬空作业所用的索具、吊具、料具等设备，经过技术鉴定或验证、验收
4	移动式操作平台	(1) 操作平台的面积不超过 $10m^2$，高度不超过 5m。 (2) 移动式操作平台，轮子与平台的连接牢固可靠，立柱底端距离地面不超过 80mm。 (3) 操作平台的组装符合要求，平台台面铺板严密
5	起重安装	(1) 起重安装洞口防护被拆除时采取临时防护措施。 (2) 起重安装高处作业人员无可靠的立足点，设置临时操作平台。 (3) 设备安装上下交叉作业，采取隔离措施
6	模板安装	(1) 柱、梁模板施工设置可靠的作业平台。 (2) 安装层面模板时遇有预留洞口时做临时封闭。 (3) 安装 2m 以上外围柱、梁模板时搭设脚手架
7	安全帽	(1) 作业人员按规定戴安全帽。 (2) 安全帽符合标准
8	安全网	(1) 按规定在工程外侧采用密目式安全网封闭，网间封闭严密。 (2) 安全网规格、材质符合要求
9	安全带	(1) 作业人员按规定系挂安全带，禁止低挂高用。 (2) 安全带符合标准
10	临边防护	(1) 工作面临边进行防护。 (2) 临边防护符合规范要求。 (3) 防护设施形成定型化、工具化。 (4) 绑扎墩墙钢筋、顶板钢筋采取临边防护措施

续表

序号	检查项目	检　查　内　容
11	洞口防护	(1) 在建工程的预留洞口、楼梯口、电梯井口，采取防护措施。 (2) 防护措施、设施符合要求，防护设施形成定型化、工具化。 (3) 电梯井内每隔两层（不大于10m）设置安全平网。 (4) 洞口旁的建筑垃圾及时清理
12	通道口防护	(1) 搭设防护棚，防护严密、牢固可靠。 (2) 防护棚两侧进行防护。 (3) 防护棚宽度大于通道口宽度。 (4) 防护棚长度符合要求。 (5) 防护棚的材质符合要求。 (6) 建筑物高度超过30m，防护棚顶采用双层防护

附录 15.3

施工临时用电检查主要事项

序号	检查项目	检　查　内　容
1	外电防护	(1) 外电线路与在建工程（含脚手架）、高大施工设备、场内机动车道之间小于安全距离时采取防护措施。 (2) 防护设施和绝缘隔离措施符合规范。 (3) 在外电架空线路正下方无施工、临时设施或堆放材料物品
2	接地与接零保护系统	(1) 施工配电系统接地应采用 TN－S 方式。 (2) 保护导体不得装设开关、熔断器或与工作零线混接情形，保护零线材质、规格及颜色标记符合规范。 (3) 总配电箱、分配电箱和架空线路终端 PE 线应重复接地。 (4) 工作接地与重复接地的设置和安装符合规范，工作接地电阻不大于 4Ω，重复接地电阻不大于 10Ω。 (5) 施工现场防雷措施符合规范
3	配电线路	(1) 线路无老化破损、接头处理不当情形。 (2) 线路设短路、过载保护，线路截面满足负荷电流。 (3) 线路采用架空、铠装直埋或沿支架等方式敷设，禁止沿地面随意布设，禁止跨越在建工程、脚手架和临时建筑物。 (4) 不使用四芯电缆外加一根线替代五芯电缆。 (5) 电杆、横担、支架符合要求，不敷设在树木或金属构架上。 (6) 电缆穿越建筑物、道路、易受机械损伤的场所及引出地面从 2m 高度至地下 0.2m 处，应加设防护套管
4	配电箱与开关箱	(1) 配电系统按“三级配电、二级漏电保护”设置，用电设备按照“一机、一闸、一箱、一漏”设置。 (2) 配电箱与开关箱结构设计、电器设置符合规范。 (3) 总配电箱与开关箱安装漏电保护器，漏电保护器有效、参数匹配。 (4) 配电箱与开关箱内闸具无损坏，配电箱与开关箱进线和出线整齐。 (5) 配电箱与开关箱内绘制系统接线图和分路标记。 (6) 配电箱与开关箱设门锁、采取防雨措施。 (7) 配电箱与开关箱安装位置适当、便于操作。 (8) 配电箱与开关箱的距离、开关箱与用电设备的距离符合规范
5	配电室与配电装置	(1) 配电室建筑耐火等级不低于 3 级，配备合格的消防器材。 (2) 配电室、配电装置布设符合规范。 (3) 配电装置中的仪表、电器元件设置符合规范，无损坏、失效情形。 (4) 备用发电机组与外电线路进行联锁。 (5) 配电室采取防雨雪和小动物侵入的措施。 (6) 配电室设警示标志、工地供电平面图和系统图

续表

序号	检查项目	检 查 内 容
6	现场照明	（1）照明用电与动力用电不混用。 （2）特殊场所及手持照明灯使用 36V 及以下安全电压。 （3）照明专用回路安装漏电保护器，灯具金属外壳接保护零线。 （4）照明线路接线整齐，安全电压线路接头使用绝缘布包扎。 （5）220V 灯具与地面距离在室外不小于 3m、室内不小于 2.5m。 （6）灯具与易燃物距离达不到规定安全距离时，应采取隔热措施。 （7）施工现场不使用碘钨灯照明

附录 15.4

施工机具和设备检查主要事项

序号	检查项目	检　查　内　容
1	平刨	（1）平刨安装后留有验收合格手续。 （2）设置护手安全装置。 （3）传动部位设置防护罩。 （4）做保护接零、设置漏电保护器。 （5）设置安全防护棚。 （6）无人操作时切断电源。 （7）不使用平刨和圆盘锯合用一台电机的多功能木工机具
2	圆盘锯	（1）电锯安装后留有验收合格手续。 （2）设置锯盘护罩、分料器、防护挡板安全装置，传动部位进行防护。 （3）做保护接零、设置漏电保护器。 （4）设置安全防护棚。 （5）无人操作时切断电源
3	手持电动工具	（1）Ⅰ类手持电动工具采取保护接零或漏电保护器。 （2）使用Ⅰ类手持电动工具按规定穿戴绝缘用品。 （3）使用手持电动工具不随意接长电源线或更换插头
4	钢筋加工机械	（1）机械安装后留有验收合格手续。 （2）做保护接零、设置漏电保护器。 （3）钢筋加工区有防护棚，钢筋对焊作业区采取防止火花飞溅措施，冷拉作业区设置防护栏。 （4）传动部位设置防护罩，限位装置有效
5	电焊机	（1）电焊机安装后留有验收合格手续。 （2）做保护接零、设置漏电保护器。 （3）设置二次空载降压保护器或二次侧漏电保护器。 （4）一次线穿管保护，长度不超过规定。 （5）二次线采用防水橡皮护套铜芯软电缆，长度不超过规定。 （6）电源使用自动开关。 （7）二次线接头不超过 3 处，绝缘层不老化。 （8）电焊机设置防雨罩、接线柱设置防护罩
6	搅拌机	（1）搅拌机安装后留有验收合格手续。 （2）做保护接零、设置漏电保护器。 （3）离合器、制动器、钢丝绳符合要求。 （4）操作手柄设置保险装置。 （5）设置安全防护棚，作业台安全平稳。 （6）上料斗设置安全挂钩且使用。 （7）传动部位设置防护罩。 （8）限位灵敏

续表

序号	检查项目	检　查　内　容
7	气瓶	(1) 氧气瓶安装减压器。 (2) 各种气瓶标明标准色标。 (3) 气瓶间距小于5m、距明火小于10m采取隔离措施。 (4) 乙炔瓶使用或存放时不平放。 (5) 气瓶存放符合要求。 (6) 气瓶设置防震圈和防护帽
8	翻斗车	(1) 翻斗车制动装置灵敏。 (2) 司机持证驾车。 (3) 不载人行车或违章行车
9	潜水泵	(1) 做保护接零、设置漏电保护器。 (2) 漏电动作电流不大于15mA，负荷线使用专用防水橡皮电缆
10	振捣器具	(1) 使用移动式配电箱。 (2) 电缆长度不超过30m。 (3) 操作人员穿戴好绝缘防护用品
11	千斤顶	(1) 丝杆和螺母磨损超过20%的应予报废。 (2) 机壳和底座有裂缝的禁止使用。 (3) 不得加长摇柄长度，不应超负荷使用。 (4) 使用油压千斤顶时，操作人员不得站立在保险塞的对面
12	桩工机械	(1) 机械安装后留有验收合格手续。 (2) 桩工机械设置安全保护装置。 (3) 机械行走路线地基承载力符合说明书要求。 (4) 编制了施工作业方案。 (5) 桩工机械作业不违反操作规程
13	泵送机械	(1) 机械安装后留有验收合格手续。 (2) 做保护接零、设置漏电保护器。 (3) 固定式混凝土输送泵设备基础制作良好。 (4) 移动式混凝土输送泵车安装在平坦坚实的地坪上。 (5) 机械周围排水通畅、无积灰。 (6) 机械产生的噪声不超过《建筑施工场界噪声限值》。 (7) 整机清洁，不漏油、漏水
14	其他大型机械设备	(1) 设备有安装拆卸方案，审批手续齐全。 (2) 安装拆卸单位资质符合要求。 (3) 施工人员有操作证，有专人指挥。 (4) 产品有出厂合格证。 (5) 安装后留有验收手续或使用前经过检验合格。 (6) 验收及检验有量化记录。 (7) 接地电阻符合规范。

续表

序号	检查项目	检　查　内　容
14	其他大型机械设备	(8) 按规定应设防雷装置应按规范要求设防雷装置。 (9) 有安全保险、限位装置，灵敏可靠。 (10) 传动部位有防护，设置符合要求。 (11) 机械专人操作，有可靠通信系统。 (12) 双轨轨道接头在同一断面或错开距离不小于 1.5m，接头间隙不大于 4mm 或接头处轨面高差超过 0.5mm。 (13) 大型设备基础有计算书或验收记录。 (14) 轨道水平度及坡度符合要求。 (15) 夹轨装置完好可靠。 (16) 轨道两端设置缓冲止挡器。 (17) 轨道两端 2m 处设置限位开关。 (18) 轨道有排水系统，无积水。 (19) 机械设备定期保养、及时维修，维修保养记录齐全。 (20) 按规定应进行鉴定的仪表、装置鉴定有效
15	其他	法律法规、规章、规程规范及设计文件规定的其他检查内容

附录 15.5

钢管脚手架检查主要事项

序号	检查项目	检查内容
1	立杆基础	（1）立杆基础平实，符合方案设计要求。 （2）立杆底部底座或垫板符合规范要求。 （3）按规范要求设置纵、横向扫地杆。 （4）扫地杆的设置和固定符合规范要求。 （5）设置排水措施
2	架体与建筑结构拉结	（1）架体与建筑结构拉结符合规范要求。 （2）连墙件距主节点距离符合规范要求。 （3）架体底层第一步纵向水平杆处按规定设置连墙件或采用其他可靠措施固定。 （4）搭设高度超过 24m 的双排脚手架，采用刚性连墙件与建筑结构可靠连接
3	杆件间距与剪刀撑	（1）立杆、纵横向水平杆间距不超过规范要求。 （2）按规定设置纵向剪刀撑或横向斜撑。 （3）剪刀撑沿脚手架高度连续设置或角度符合要求。 （4）剪刀撑斜杆的接长或剪刀撑斜杆与架体杆件固定符合要求
4	脚手板与防护栏杆	（1）脚手板满铺，铺设牢稳，无探头板。 （2）脚手板规格或材质符合要求。 （3）架体外侧设置密目式安全网封闭，网间严密。 （4）作业平台在高度 1.2m、0.8m 和 0.3m 处设置上、中、下三道防护栏杆，立杆间距不大于 2.0m。 （5）作业层设置高度不小于 200mm 的挡脚板
5	交底与验收	（1）架体搭设、拆除前交底留有记录。 （2）架体分段搭设分段使用办理分段验收。 （3）架体搭设完毕办理验收手续
6	杆件设置	（1）在立杆与纵向水平杆交点处设置横向水平杆。 （2）按脚手板铺设的需要增加设置横向水平杆。 （3）横向水平杆固定符合要求。 （4）单排脚手架横向水平杆插入墙内不小于 18cm。 （5）纵向水平杆搭接长度不小于 1m，固定符合要求。 （6）立杆连接应符合规范要求
7	架体防护	（1）作业层用安全平网双层兜底，且以下每隔 10m 用安全平网封闭。 （2）架体底层进行严密封闭。 （3）作业层与建筑物之间进行封闭

续表

序号	检查项目	检　查　内　容
8	脚手架材质	(1) 钢管直径、壁厚、材质符合要求。 (2) 钢管无弯曲、变形、裂缝、锈蚀严重等情形。 (3) 扣件进行复试，技术性能符合标准
9	通道	(1) 设置人员上下专用通道。 (2) 通道设置符合要求
10	其他	法律法规、规章、规程规范及设计文件规定的其他检查内容

附录 15.6

模板支架检查主要事项

序号	检查项目	检　查　内　容
1	支撑系统	（1）现浇混凝土模板的支撑系统有设计计算。 （2）支撑系统安装符合设计要求。 （3）模板安装就位后，立即进行支撑和固定
2	立柱稳定	（1）支撑模板的立柱材料符合要求。 （2）立柱底部有垫板（不得用砖垫高）。 （3）按规定设置纵横向支撑。 （4）立柱间距符合规定
3	施工荷载	（1）模板上施工荷载不超过规定。 （2）模板上堆料均匀
4	模板存放	（1）大模板存放采取防倾倒措施。 （2）清理模板或刷脱模剂时将模板支撑牢固。 （3）模板存放整齐，符合安全要求
5	支拆模板	（1）2m 以上高处作业有可靠立足点。 （2）机械吊运模板时，先检查机械设备和绳索的安全性和可靠性，起吊后下面有无人通行。 （3）安装外模板的操作人员系好安全带，模板安装就位后，采取防止触电的保护措施。 （4）拆除模板按顺序分层、分段拆除。 （5）拆除区域设置警戒线且有专人监护。 （6）无未拆除的悬空模板
6	模板验收	（1）模板拆除前有混凝土强度报告，强度达到规定，拆模申请经批准。 （2）模板工程留有验收手续。 （3）模板作业面铺设作业通道。 （4）作业通道稳定牢固。 （5）作业面孔洞及临边有无防护措施。 （6）垂直作业上下有隔离防护措施
7	其他	法律法规、规章、规程规范及设计文件规定的其他检查内容

附录 15.7

塔式起重机检查主要事项

序号	检查项目	检　查　内　容
1	载荷限制装置	（1）安装起重量限制器，装置灵敏。 （2）安装力矩限制器，装置灵敏
2	行程限位装置	（1）安装起升高度限位器，装置灵敏。 （2）安装幅度限位器，装置灵敏。 （3）回转不设集电器的塔式起重机安装回转限位器，装置灵敏。 （4）行走式塔式起重机安装行走限位器，装置灵敏
3	保护装置	（1）小车变幅的塔式起重机安装断绳保护及断轴保护装置且符合规范要求。 （2）行走及小车变幅的轨道行程末端安装缓冲器及止挡装置且符合规范要求。 （3）起重臂根部绞点高度大于 50m 的塔式起重机安装风速仪，装置灵敏。 （4）塔式起重机顶高大于 30m 且高于周围建筑物安装障碍指示灯
4	吊钩、滑轮、卷筒与钢丝绳	（1）吊钩安装钢丝绳防脱钩装置且符合规范要求。 （2）吊钩无达到报废标准的磨损、变形、疲劳裂纹。 （3）滑轮、卷筒安装钢丝绳防脱装置且符合规范要求。 （4）滑轮及卷筒无达到报废标准的裂纹、磨损。 （5）钢丝绳无达到报废标准磨损、变形、锈蚀。 （6）钢丝绳的规格、固定、缠绕符合说明书及规范要求
5	多塔作业	（1）多塔作业制定专项施工方案，施工方案经审批且方案针对性强。 （2）任意两台塔式起重机之间的最小架设间距符合规范要求
6	安装、拆卸与验收	（1）安装、拆卸单位取得相应资质。 （2）制定安装、拆卸专项方案，方案经审批且内容符合规范要求。 （3）履行验收程序或验收表经责任人签字。 （4）验收表填写符合规范要求。 （5）特种作业人员持证上岗。 （6）采取有效联络信号
7	附着	（1）塔式起重机高度超过规定安装附着装置。 （2）附着装置水平距离或间距不满足说明书要求时进行设计计算和审批。 （3）安装内爬式塔式起重机的建筑承载结构进行受力计算。 （4）附着装置安装符合说明书及规范要求。 （5）附着后塔身垂直度符合规范要求

续表

序号	检查项目	检 查 内 容
8	基础与轨道	（1）基础按说明书及有关规定设计、检测、验收。 （2）基础设置排水措施。 （3）路基箱或枕木铺设符合说明书及规范要求。 （4）轨道铺设符合说明书及规范要求
9	结构设施	（1）主要结构件的变形、开焊、裂纹、锈蚀不超过规范要求。 （2）平台、走道、梯子、栏杆等符合规范要求。 （3）主要受力构件高强螺栓使用符合规范要求。 （4）销轴连接符合规范要求
10	电气安全	（1）采用TN－S接零保护系统供电。 （2）塔式起重机与架空线路小于安全距离时采取防护措施。 （3）防护措施符合要求。 （4）防雷保护范围以外设置避雷装置。 （5）避雷装置符合规范要求。 （6）电缆使用符合规范要求
11	其他	法律法规、规章、规程规范及设计文件规定的其他检查内容

附录 15.8

起重吊装检查主要事项

序号	检查项目	检　查　内　容
1	汽车吊	（1）汽车吊有超载保护装置、力矩限制器、极限位置。 （2）限制器、防后倾翻装置、缓冲器等防护装置。 （3）吊钩有保险装置。 （4）汽车吊有检验合格证
2	门式起重机	（1）门式起重机的控制器、制动器、限位器、夹轨器、电铃、紧急开关等主要防护保险装置有效。 （2）门式起重机在行驶过程中，轨道上无障碍物。 （3）门式起重机投入使用前进行告知检测。 （4）夜间作业有足够的照明
3	塔吊	（1）塔吊有力矩限制器、限位器、保险装置、附着装置。 （2）两台以上塔吊作业有防碰撞措施。 （3）塔吊安装完毕后有验收资料或责任人签字。 （4）验收单上有量化验收内容。 （5）使用前进行告知检测合格
4	架桥机	（1）架桥机的制动装置、限位装置等安全装置有效。 （2）架桥机在运行过程中，轨道上无障碍物。 （3）架桥机投入使用前进行告知检测。 （4）无夜间进行架梁作业行为
5	电动葫芦	（1）电动葫芦的限位器有效，吊钩完好。 （2）露天作业设置防雨棚。 （3）电动葫芦在起吊过程中发生异味，立即停车检查。 （4）电动葫芦钢丝绳在卷筒上缠绕整齐；当吊钩放在最低位置，卷筒上的钢丝绳不少于三圈。 （5）工作完毕后，电动葫芦应停在指定位置，吊钩升起，电源切断
6	钢丝绳	（1）钢丝绳无达到报废标准的磨损、断丝、变形、锈蚀。 （2）穿钢丝绳的滑轮边缘不应有破裂现象。 （3）钢丝绳与设备及建筑物的棱角接触时，应垫木板胶皮板或其他柔性垫物
7	作业环境	（1）起重机作业处地面承载能力符合规定或采用有效措施。 （2）起重机与架空线路安全距离符合规范要求。 （3）无恶劣天气下作业行为
8	起重机械管理	（1）安装、拆卸单位编制拆装方案、自检合格且向施工单位进行安全使用说明、办理移交手续。 （2）按规定进行维修保养、检查，维修保养、检查和使用记录完整。 （3）起重吊装作业单位取得相应资质或特种作业人员持证上岗。 （4）按规定进行技术交底且技术交底留有记录

续表

序号	检查项目	检　查　内　容
9	起重作业	(1) 两台起重设备起吊同一重物时有专项起吊方案。 (2) 遵守起重作业“十不吊”规定。 (3) 吊装区域内禁止站人
10	构件码放	(1) 构件码放不超过作业面承载能力。 (2) 构件堆放高度不超过规定要求。 (3) 大型构件码放采取稳定措施
11	信号指挥	(1) 设置信号指挥人员。 (2) 信号传递清晰准确
12	警戒监护	(1) 安排专门人员进行现场安全管理，安排专职安全生产管理人员进行现场监督。 (2) 按规定设置作业警戒区，警戒区设专人监护
13	其他	法律法规、规章、规程规范及设计文件规定的其他检查内容

附录 15.9

有限空间检查主要事项

序号	检查项目	检　查　内　容
1	安全管理	(1) 严禁无关人员进入有限空间危险作业场所，并应在醒目处设置警示标志。 (2) 当作业人员在与输送管道连接的密闭设备（如油罐、储罐、锅炉等）内部作业时，必须严密关闭连接阀门，装好盲板，在醒目处设置“禁止启动”等警告信息。 (3) 有限空间的坑、井、洼、沟或人孔、通道出入门口应设置防护栏、盖和警告标志，夜间应设警示红灯。 (4) 严格执行作业审批制度，严禁擅自进入有限空间作业
2	安全防护	(1) 必须配备个人防中毒窒息等防护装备，设置安全警示标志，严禁无防护监护措施作业。 (2) 检测人员应佩戴隔离式呼吸器，严禁使用氧气呼吸器。 (3) 因防爆、防氧化不能采用通风换气措施或受作业环境限制不易充分通风换气的场所，作业人员必须配备并使用空气呼吸器或软管面具等隔离式呼吸保护器具。 (4) 配备呼吸器具、梯子、绳缆等必要的器具和设备。 (5) 当作业人员在密闭设备内作业时，应打开设备出入口的门或盖
3	通风	(1) 须做到“先通风、再检测、后作业”，禁止通风、检测不合格作业。 (2) 严禁用纯氧进行通风换气。 (3) 在氧气浓度、有害气体、可燃性气体、粉尘的浓度可能发生变化的危险作业中应保持必要的测定次数或连续检测，氧气含量应在19.5%以上，23.5%以下。 (4) 在密闭容器内使用二氧化碳或氦气进行焊接作业时，必须在作业过程中通风换气，确保空气符合安全要求
4	用电	(1) 照明应使用安全矿灯或36V以下的安全灯。 (2) 手持电动工具，必须按规定配备漏电保护器，进行定期检查，绝缘电阻应符合有关规定。 (3) 有可燃气体或可燃性粉尘存在的作业现场，所用的检测仪器，电动工具，照明灯具等，应符合有关规定，使用防爆型产品。禁止使用明火照明和非防爆设备。 (4) 焊接与切割作业时，焊接设备、焊机、切割机具、钢瓶、电缆及其他器具的放置，电弧的辐射及飞溅伤害隔离保护应符合有关规定

续表

序号	检查项目	检　查　内　容
5	消防	（1）存在易燃性因素的场所警戒区内应按有关规定设置灭火器材，并保持有效状态。 （2）专职安全员和消防员应在警戒区定时巡回检查、监护，并有检查记录。 （3）严禁火种或可燃物落入有限空间。 （4）动力机械设备、工具应放置在有限空间的外面，并保持安全距离，避免设备废气或烟雾的不良影响
6	通信联络	（1）进入有限空间危险作业场所作业，作业人员与监护人员应事先规定明确的联络信号。 （2）作业场所的缺氧危险可能影响附近作业场所人员的安全时，应及时通知相关作业场所的有关人员
7	其他	法律法规、规章、规程规范及设计文件规定的其他检查内容

附录 15.10

施工围堰与度汛检查主要事项

序号	检查项目	检 查 内 容
1	抗渗及防冲措施	(1) 堰基抗渗符合要求。 (2) 围堰两端与岸坡结合部位经防渗措施处理。 (3) 围堰堰坡迎水面防冲措施符合要求
2	土方填筑	(1) 施工机械进场经设备验收。 (2) 挖掘机作业时，无人员进入挖掘机作业半径内。 (3) 填筑质量符合设计要求
3	围堰验收	(1) 项目法人已组织各参建单位对围堰进行验收。 (2) 验收资料齐全，质量评定合格
4	围堰拆除	(1) 拆除围堰前应履行批准手续。 (2) 围堰拆除对周围建筑安全可能产生危险时，应采取保护措施，并疏散建筑内的人员。 (3) 土石围堰拆除应从上至下、逐层、逐段进行。 (4) 拆除作业中应密切注意雨情、水情
5	应急预案	(1) 按设计要求配备度汛物资。 (2) 度汛物资设专人保管，无挪用情形。 (3) 配置应急救援设备、设施。 (4) 进行应急救援演练
6	汛情收集	(1) 对上下游汛情、水位和天气预报的收集记录完整及时。 (2) 汛情检查记录及时完整。 (3) 防汛期间安排人员进行值班，并做好值班记录
7	安全管理	(1) 保障与主管部门和防汛部门的通信畅通。 (2) 防汛期间，应安排专人对围堰、子堤等重点部位巡视检查。 (3) 超标准洪水来临前，及时组织撤离危险区内的人员和设备
8	其他	法律法规、规章、规程规范及设计文件规定的其他检查内容

附录 15.11

基坑支护与降排水检查主要事项

序号	检查项目	检　查　内　容
1	基坑支护	(1) 有塌方危险的采取支护措施。 (2) 自然放坡的坡率符合施工方案和规范要求。 (3) 基坑支护结构符合设计要求。 (4) 支护结构水平位移达到设计报警值采取有效控制措施
2	降排水	(1) 基坑开挖深度范围内有地下水采取有效的降排水措施。 (2) 基坑边沿周围地面按规范设置排水沟。 (3) 放坡开挖对坡顶、坡面、坡脚采取降排水措施。 (4) 基坑底四周设排水沟和集水井，及时排除积水
3	基坑开挖	(1) 开挖下层土方应待支护结构达到设计要求的强度。 (2) 按照设计和施工方案的要求分层、分段均衡开挖。 (3) 基坑开挖过程中采取防止碰撞支护结构或工程桩的有效措施。 (4) 机械在软土场地作业采取铺设渣土、砂石等硬化措施
4	坑边荷载	(1) 基坑边堆置土、料和机具等荷载不超过基坑支护设计允许要求。 (2) 施工机械与基坑边沿的安全距离符合设计要求
5	安全防护	(1) 开挖深度 2m 及以上的基坑周边按规范要求设置防护栏杆且栏杆设置符合规范要求。 (2) 基坑内设置有供施工人员上下的专用梯道且梯道设置符合规范要求。 (3) 降水井口设置防护盖板或围栏
6	基坑监测	(1) 按要求进行基坑工程监测。 (2) 基坑监测项目符合设计和规范要求。 (3) 监测的时间间隔符合监测方案要求或监测结果变化速率较大时加密观测次数。 (4) 按设计要求提交内容完整的监测报告
7	支撑拆除	(1) 基坑支撑结构的拆除方式、拆除顺序符合施工方案要求。 (2) 机械拆除作业时，施工荷载不大于支撑结构承载能力。 (3) 人工拆除作业时，按规定设置防护设施。 (4) 采用非常规拆除方式符合国家现行相关规范要求
8	作业环境	(1) 基坑内土方机械、施工人员的安全距离符合规范要求。 (2) 上下交叉作业采取安全防护措施。 (3) 在各种管线范围内挖土作业设专人监护。 (4) 作业区光线照明良好
9	其他	法律法规、规章、规程规范及设计文件规定的其他检查内容

附录 15.12

土石方开挖检查主要事项

序号	检查项目	检　查　内　容
1	地下管线设施及地质	（1）收集地下管线、设备及工程地质资料。 （2）动工前对施工区及影响区域内的管线详细情况进行技术交底。 （3）将地下管线保护措施落实到位，设置安全警示标志牌
2	坡顶和坑边荷载	（1）积土、料具堆放距坑、槽边距离不小于设计规定。 （2）机械设备施工与槽边距离不满足要求时采取防护措施。 （3）开挖前坡顶浮动的土石块及时清除
3	边坡支护	（1）坑槽开挖设置安全边坡符合安全要求。 （2）特殊支护的做法符合设计方案。 （3）支护设施已产生局部变形时采取措施调整。 （4）高边坡作业时无上下交叉作业。 （5）坡面上松动土石块及时清除
4	土石方开挖	（1）施工机械进场经设备验收。 （2）挖掘机作业时无人员进入挖掘机作业半径内。 （3）挖掘机作业位置稳定安全。 （4）特种机械驾驶人员持证作业。 （5）按规定程序开挖，无超挖。 （6）相邻作业设备保持安全距离
5	环境及监测	（1）高边坡、滑坡体及重要建筑物附近进行开挖时，进行安全监测措施。 （2）无大风、大雨和照明不足在边坡上进行作业情形。 （3）不在危险的边坡、峭壁处休息或停放设备情形
6	临边防护	（1）深度超过 2m 的基坑施工采取临边防护措施。 （2）临边及其他防护符合要求。 （3）临边部位设置明显安全警示标志标牌
7	道路及运输	（1）运输机械及车辆经设备验收合格后使用。 （2）特种作业人员持证上岗。 （3）施工道路符合施工现场道路规范要求。 （4）无运输车辆酒后驾驶和违章行驶情形
8	其他	法律法规、规章、规程规范及设计文件规定的其他检查内容

附录 15.13

隧洞施工检查主要事项

序号	检查项目	检　查　内　容
1	人员进出管理	(1) 进出洞人员登记、施工作业与管理人员悬挂工作牌。 (2) 作业人员正确佩戴劳动保护用品（安全帽、安全带、防尘口罩、反光背心等）
2	洞口施工	(1) 洞口按照设计文件施工，及时完成边坡加固。 (2) 仰坡无未处理的危石、滑坡等不良地质。 (3) 安全防护设施安装到位，警示标志齐全、醒目
3	洞内掘进	(1) 钻孔施工严禁上下交叉作业。 (2) 爆破施工按照“爆破施工检查主要事项”检查。 (3) 相邻洞室在 50m 之内爆破必须通知相邻洞室人员避炮。 (4) 掘进机械应进场验收，形成验收记录；设备应专人操作、持证上岗，定期维护。 (5) 特种机械设备应在醒目位置悬挂操作安全规程公示牌和安全警示标志。 (6) 洞身掘进前应由设计单位对超前地质预报进行专项设计并对地质预报成果进行分析
4	洞内运输	(1) 洞内装卸、运输车辆应符合安全技术要求，经检验合格后使用，司机持证上岗。 (2) 装卸过程中，无关人员应远离车辆。 (3) 严格控制行车速度，洞口、平交洞口及施工狭窄洞段应设置缓行标志。 (4) 路面平整，不得有大台坎和深积水坑。 (5) 严禁客货混装和料斗载人
5	洞内支护	(1) 严格按照设计进尺进行支护、支护措施到位，初期支护与掌子面距离符合设计及有关规范要求。 (2) 不良地质段应设置安全警示标志。 (3) 作业前已对松散岩体进行清理排险
6	安全监测	(1) 按照批准的安全监测方案及时布置了监测设施。 (2) 监测设施完好，运行正常。 (3) 监测频率符合安全监测方案或者设计要求。 (4) 监测成果及时整理并反馈参建单位
7	通风与排水管理	(1) 通风管路设置合理，作业面空气质量满足作业要求。 (2) 有害气体有专人监测，监测设备完好，监测记录完整。 (3) 洞内粉尘、有害气体等含量达标。 (4) 洞内渗漏水应集中引排处理，排水通畅
8	其他	法律法规、规章、规程规范及设计文件规定的其他检查内容

附录 15.14

金属结构制作与设备安装检查主要事项

序号	检查项目	检　查　内　容
1	金属结构制作	（1）消防设施配置齐全。 （2）氧气、乙炔瓶安全间距符合要求。 （3）起重吊装遵章作业。 （4）产品存放支垫稳定，有防倾倒措施
2	金属结构安装	（1）安装前制定安装专项方案。 （2）大件运输前做好道路勘测。 （3）金属结构吊装按照起重规程进行
3	金属防腐涂装	（1）各类有毒有害材料，有专用库房，不混放。 （2）涂装现场无焊接、明火作业。 （3）喷涂作业氧气、乙炔和喷枪三者安全间距符合要求。 （4）喷涂作业人员应穿戴供气式防护服以及其他防护用品
4	焊接与气割	（1）禁止在油漆未干的结构和其他物体上进行焊接与气割。 （2）禁止在混凝土地面上直接进行切割。 （3）严禁在贮存易爆易燃的液体、气体、车辆、容器等的库区内进行焊割作业。 （4）严禁将行灯变压器及焊机调压器带入金属容器内。 （5）风力超过5级时禁止在露天进行焊割作业
5	作业平台	（1）作业平台安装搭设按安全技术措施进行。 （2）在作业平台上进行安装遵守相关规定。 （3）作业平台拆除有作业指导书
6	机电安装	（1）水轮机（水泵）、发电机（电机）主要部件吊装制定安全技术措施和进行安全技术交底。 （2）制动闸耐压试验不在压力下进行。 （3）机组盘车时通信信号清晰。 （4）机组清扫、喷漆时个人防护配备到位
7	电气设备安装	（1）电气设备安装就位有专人指挥。 （2）电气设备带电试验按规范进行。 （3）个人劳动防护配备到位
8	桥式起重机安装	（1）设备安装前书面告知当地质监部门。 （2）桥机轨道末端设置极限位置限制器或夹轨器。 （3）设备吊装符合相关规定

续表

序号	检查项目	检　查　内　容
9	辅助设备安装	(1) 调速试验工程，工作人员不擅离岗位。 (2) 管路循环冲洗有专人监护。 (3) 管路压力试验制定专项方案
10	机组启动试运行	(1) 模拟实验的故障处理做好安全隔离措施。 (2) 负载运行执行操作票制度
11	其他	法律法规、规章、规程规范及设计文件规定的其他检查内容

附录 15.15

拆除施工检查主要事项

序号	检查项目	检　查　内　容
1	安全管理	（1）拆除工程必须制定施工专项方案和生产安全事故应急救援预案。 （2）拆除施工严禁立体交叉作业。 （3）作业人员使用手持机具时，严禁超负荷或带故障运转。 （4）建筑内的施工垃圾，应采取封闭的垃圾桶或垃圾袋向下运送，不得向下抛掷。 （5）在恶劣的气候条件下，严禁进行拆除作业。 （6）清运渣土的车辆应封闭或覆盖，出入现场时应有专人指挥。 （7）施工时应有防止扬尘和降低噪声的措施。 （8）作业人员必须配备相应的劳动保护用品
2	安全防护措施	（1）施工现场应设置消防车通道，保证充足的消防水源，配备足够的灭火器材。 （2）施工单位必须在拆除施工现场划定危险区域并设置警戒线和相关的安全标志，应派专人监管。 （3）安全防护设施验收时应有验收记录。 （4）对地下的各类管线，施工单位应在地面上设置明显标志。对水电气的检查井、污水井应采取相应的保护措施。 （5）当日拆除施工结束后，所有机械设备应远离被拆除建筑。施工期间的临时设施应与被拆除建筑保持安全距离
3	消防	（1）施工作业动火时，必须履行动火审批手续，领取动火证后方可在指定时间、地点作业。 （2）作业时应配备专人监护，作业后必须确认无火源危险后，方可离开作业地点。 （3）拆除建筑时，当遇到易燃、可燃物及保温材料时，严禁明火作业。 （4）施工单位必须落实防火安全责任制，建立义务消防组织，明确责任人
4	施工场地	（1）拆除工程施工区域设置硬质封闭围挡及醒目警示标志，围挡高度不低于 1.8m，非施工人员不得进入施工区。 （2）被拆除建筑与周边设施的安全距离不能满足要求时，必须采取相应的安全隔离措施。 （3）当拆除工程对周围相邻建筑安全可能产生危险时，必须采取相应保护措施，对建筑内的人员进行撤离安置。 （4）在拆除作业前，施工单位应检查建筑内各类管线情况，确认全部切断后方可施工。 （5）在拆除工程作业中，发现不明物体，应停止施工，采取相应的应急措施，保护现场，及时向有关部门报告

续表

序号	检查项目	检　查　内　容
5	人工	（1）楼板上严禁人员聚集或堆放材料，作业人员应站在稳定的结构或脚手架上操作，被拆除的构件应有安全的放置场所。 （2）拆除施工应从上至下，逐层拆除，分段进行，不得垂直交叉作业，作业面的孔洞应封闭。 （3）拆除建筑墙体时，严禁采用掏掘或推倒的方法。 （4）拆除梁和悬挑构件时，应采取有效的下落控制措施，方可切断两端的支撑。 （5）拆除柱子时，应沿柱子底部剔凿出钢筋，使用手动倒链定向牵引，再采用气焊切割柱子三面钢筋，保留牵引方向正面的钢筋。 （6）拆除管道及容器时，必须在查清残留物的性质，并采取相应措施确保安全后，方可进行拆除施工
6	机械拆除	（1）拆除时应从上至下，逐层分段进行，应先拆除非承重结构，再拆除承重结构。拆除框架结构建筑，必须按楼板、次梁、主梁、柱子的顺序进行施工，对只进行部分拆除的建筑，必须先将保留部分加固，再进行分离拆除。 （2）施工中必须由专人负责监测被拆除建筑的结构状态，做好记录。当发现有不稳定状态的趋势时，必须停止作业，采取有效措施，消除隐患。 （3）拆除施工时，应按照施工组织设计选定的机械设备及吊装方案进行施工，严禁超载作业或任意扩大使用范围，供机械设备使用的场地必须保证足够的承载力，作业中机械不得同时回转、行走。 （4）进行高处拆除作业时，对较大尺寸的构件或沉重的材料，必须采用起重机具及时吊下，拆卸下来的各种材料应及时清理，分类堆放在指定的场所，严禁向下抛掷。 （5）采用双机抬吊作业时，施工中必须保持两台起重机同步作业。 （6）拆除吊装作业的起重机司机，必须严格执行操作规程，信号指挥人员必须按照有关标准的规定作业。 （7）拆除钢层架时，必须采取绳索将其拴牢，待起重机吊稳后，方可进行气焊切割作业。吊运过程中，应采取辅助措施使被吊物处于稳定状态。 （8）拆除桥梁时应先拆除桥面的附属设施

附录 15.16

爆破施工检查主要事项

序号	检查项目	检　查　内　容
1	爆破作业管理	（1）爆破作业有专项施工方案且按规定审核、论证、审批。 （2）爆破单位资质符合规定，爆破作业人员持证上岗。 （3）现场警戒：明确划定安全警戒线，爆破时间和信号统一，现场爆破安全距离设定符合要求。 （4）起爆前用警笛示警或广播，有专人负责现场人员隐蔽和撤离，剩余爆破器材撤离现场。 （5）安排有专门人员进行现场安全管理、专职安全生产管理人员进行现场监督。 （6）电力起爆主线与照明及动力线分两侧架设。 （7）起爆前现场监控： 1）装药前非爆破人员和机械设备所处环境安全措施到位，恶劣天气不进行露天爆破作业。 2）井内爆破前无关工作人员撤离工作面后方可吊运爆破材料下井。 3）利用电雷管起爆作业应携带绝缘手电筒。 4）在专用加工房加工起爆药包，装药环境符合要求，使用专用炮棍。 5）相向开挖、斜井开挖作业符合要求，地下井挖、洞内空气含沼气或二氧化碳浓度不超过1%。 6）起爆方式按审批后的方案实施起爆
2	拆除爆破	（1）拆除爆破进行封闭施工，有明显警示标志、施工公告及爆破公告，接近交通要道和人行通道的部位设置防护屏障，规定封锁道路的地段和时间。 （2）起爆前，对网路覆盖及近体防护进行验收，禁止与爆破无关人员进入现场
3	水下爆破	（1）在通航水域按规定发布爆破施工通告，爆破工作船及其辅助船舶按规定悬挂信号灯，在危险水域边界上设置警告标志、禁航信号、警戒船舶和岗哨等。 （2）爆破作业船上人员应穿救生衣，备有救生设备
4	隧洞爆破	（1）软弱围岩、不良地质、特殊地质或浅埋、偏压、滑坡地段隧洞，组织技术专家进行论证，确定钻爆、掘进、支护方案。 （2）爆破起爆后，有专人进行检查，处理危石、悬石并专人监护；做好洞内防尘，通风工作，防止洞内有害气体超标。 （3）临时支护符合设计和方案要求；不临时改变临时支护类型、标准或自行降低支护标准。 （4）初期支护作业面能紧跟开挖作业面
5	其他	法律法规、规章、规程规范及设计文件规定的其他检查内容

附录 15.17

疏浚吹填与水上作业检查主要事项

序号	检查项目	检 查 内 容
1	施工许可	(1) 按规定办理《水上水下施工作业许可证》。 (2) 在通航航道内作业应及时申请并发布航道施工公告
2	施工船舶	(1) 具有海事、船检部门核发的各类有效证书。 (2) 船员的配备符合要求。 (3) 船舶按规定的航线行驶，不超载。 (4) 船舶上有高频电话。 (5) 船舶上救生设备配置符合要求。 (6) 船舶上的消防设备配置符合要求。 (7) 船舶信号灯配置齐全，使用正常。 (8) 在船舶机舱、甲板、尾桩及操作室等有关部位分别设置行走通道指示、防滑提示、安全警示和操作要求等标牌
3	交通船	(1) 船员持适航证书。 (2) 乘员不超过交通船标定的额定人数。 (3) 救生器材配备充足。 (4) 不存放或搭载危险品
4	水上作业安全防护	(1) 水上作业平台有防护栏杆和防滑措施。 (2) 上下通道有栏杆，跳板固定。 (3) 作业人员穿救生衣、防滑鞋。 (4) 冬季施工船甲板边缘有防滑措施
5	排泥场	(1) 围堰与退水口修筑必须稳固、不透水。 (2) 退水口外水域设置拦污屏，减少和防治退水对下游水体的污染。 (3) 排泥管口或喷口位置与围堰保持足够的安全距离
6	排泥管	(1) 绞吸式挖泥船伸出的排泥管线（含潜管）的头尾及每间隔 50m 位置应显示白色环照灯一盏。 (2) 坡面架设排泥管线应做好管道固定墩。 (3) 水陆接头连接应搭设固定排架或抛设固定锚缆或构筑固定地垄，水上管和陆上管之间用大于 ϕ22mm 的钢丝绳连接锁定。 (4) 禁止人员在浮管上行走
7	安全管理	(1) 定期对救生、消防设备和安全防护进行检查。 (2) 按时组织安全活动，并进行记录。 (3) 对水上作业人员进行教育交底
8	作业环境	(1) 施工船舶上的生活垃圾禁止直接抛入水中。 (2) 船上油污经分离装置处理，禁止直接抛入水中

续表

序号	检查项目	检查内容
9	其他要求	（1）施工项目部有高频电话，能随时和船上联系。 （2）安排专人收听天气预报和收集有关情况。 （3）禁止水上作业人员酒后上班。 （4）甲板上所有可活动的机械、工器具、材料等应按要求锁定或固定
10	其他	法律法规、规章、规程规范及设计文件规定的其他检查内容

附录 15.18

盾构施工检查主要事项

序号	检查项目	检　查　内　容
1	施工方案	（1）是否制定盾构施工、吊装专项方案。 （2）盾构施工、吊装专项方案是否经专家论证按专家意见修改完善。 （3）是否制定针对性的应急预案。 （4）各方案、应急预案内容是否齐全
2	盾构始发与接收	（1）洞门是否按设计要求制作洞圈和密封装置。 （2）是否对盾构机姿态进行复核。 （3）盾构始发或接收对反力架和托架进行验算。 （4）盾构始发、接收发生渗漏、涌水、涌沙是否制定有效措施。 （5）是否对盾构机操作人员进行始发、接收安全技术交底
3	盾构掘进施工	（1）施工过程是否对掘进参数、注浆量、出土量等详细记录。 （2）盾构机参数异常、姿态异常、地面超限异常是否采取有效措施。 （3）是否对盾构操作及掘进施工人员进行了安全技术交底和培训。 （4）是否进行维修保养。 （5）无维修和定期保养记录或记录不全
4	盾构施工运输	（1）车辆超速行驶或隧道内无限速标志。 （2）车辆安全、警示装置或动力、制动功能等存在故障，“带病”行驶。 （3）车辆有无防溜车措施。 （4）平板车是否搭载人。 （5）车辆连接不可靠或无保险链。 （6）有无联络信号或者联络信号不准确、不合理。 （7）隧道内是否存在杂物未清理，影响车辆通行。 （8）未采取人车分行措施，或行车区域内施工作业未采取有效安全防护措施
5	管片堆放与拼装	（1）管片堆放场地不坚实、不平整或无排水措施。 （2）管片堆放场地的通道不通畅。 （3）管片堆放超高或堆放纵横间距不符合要求。 （4）拼装机旋转范围有人或障碍物。 （5）吊运、拼装过程中连接不牢或无防滑脱装置。 （6）翻转、吊运、拼装设备无定期保养记录，或带病作业

续表

序号	检查项目	检　查　内　容
6	安全防护与保护	（1）未按规定进行机械通风或（风管破损、漏风，吊挂不平直）新鲜风量不足。 （2）无有害气体检测装置或未定期进行气体检测。 （3）遇到特殊地层如瓦斯或其他有毒有害气体超限时，未采取有效处理措施。 （4）未按规定设置警示、通信、排水、消防器材。 （5）压力软管耐压强度不满足设计要求，布置于作业区及人行道范围的压力软管未采取防脱、限位措施。 （6）光线不足未设置足够照明。 （7）通道不畅通或防护措施设置不规范
7	其他	法律法规、规章、规程规范及设计文件规定的其他检查内容

附录 15.19

易燃易爆危险化学品安全检查主要事项

序号	检查项目	检　查　内　容
1	消防设施	(1) 是否配备相应的消防器材，且处于有效状态。 (2) 消防器材设置是否合理，且方便取用，周围无堆放物品
2	火源管理	(1) 危化品场所是否设置有明显的防火标志。 (2) 危化品场所或周围 30m 内是否无明火施工作业
3	电气管理	(1) 危化品场所的电气设施照明灯、抽风设备等是否做完全防爆。 (2) 危化品场所是否无临时搭建线路。 (3) 是否有通风、降温设施，且运行正常并有防爆措施。 (4) 危化品场所是否做防雷、防静电措施
4	储存管理	(1) 周围及库区的消防通道是否畅通。 (2) 危化品储存场所设置是否合理。 (3) 危化品储存场所是否做好管制。 (4) 库房内危化品是否无超量储存，且无混存、混放现象。 (5) 危化品堆放是否不超过四层，特别危险的是否不超过两层。 (6) 危化品仓库周围是否无危化品废弃物存放。 (7) 危化品仓库是否有安全管理制度。 (8) 是否滥用易燃易爆危险化学品和强腐蚀化学品清洗地面。 (9) 是否有危险化学品安全操作规程
5	废弃回收	(1) 危化品废弃物或空容器存放位置是否合理，并做好密封。 (2) 危化品废弃物或空容器是否及时清理，且无混装混放现象。 (3) 危化品废弃物是否无任意丢弃、倒掉现象。 (4) 危化品空容器是否未做彻底清理就另作他用

附录 15.20

电焊作业现场安全检查主要事项

序号	检查项目	检　查　内　容
1	电焊机	(1) 电焊机必须符合现行有关电焊机标准规定的安全要求。电焊机工作环境应与焊机技术说明书上的要求相符，在气温过高，过低，湿度过大，气压过低或在腐蚀性、爆炸性等特殊环境下作业，应选用适合特殊环境条件的电焊机，或采用特殊防护措施。 (2) 手工电弧焊机高载电压高于现行相应电焊机标准规定的限值，而又在有触电危险的场所作业时，电焊机必须采用空载自动断电装置或其他防止触电的安全措施。 (3) 电焊机装有独立的专用电源开关，容量符合要求，电焊机超负荷时，能自动切断电源。禁止多台电焊机共用一个电源开关。 (4) 电源控制装置应在焊机附近便于操作之处，周围留有安全通道。采用启动器启动的电焊机，先合上电源的开关，再启动电焊机。 (5) 电焊机一次电源线长度一般为 2～3m，必要时需较长电源线应沿墙或立柱隔离安全布设，距地面 2.5m 以上。 (6) 电焊机外露的带电的部分设有完好的隔离防护装置，裸露接线柱设有防护罩。使用插头插座连接的电焊机，插销孔的接线端采用绝缘极隔离。 (7) 禁止将金属物构架和设备作为电焊机电源回路。 (8) 接入电源网路的电焊机不许超负荷使用。电焊机运行温升不得超过规定限值。电焊机应放在平稳和通风良好、干燥的地方，不得靠近热源、易燃易爆危险场所。 (9) 禁止在电焊机上放置物件或工具。启动电焊机前，焊钳与焊件不能短路。采用连接片改变焊接电流的电焊机，调节焊接电流应先切断电源。 (10) 电焊机应经常保持清洁，清扫或检修电焊机须切断电源。电焊机受潮后应用人工方法干燥，受潮湿严重必须进行检修。 (11) 经常检查电焊机电缆与电焊机接线柱接触状况，保持其良好，保持螺帽紧固。工作完毕或离开现场时，须及时切断电源。 (12) 电焊机接地装置经常保持良好，定期检测接地系统的电气性能，禁止使用氧气或乙炔管道等易燃易爆气体管道作为接地装置的自然接地极。电焊机组或集装箱式电焊设备应安装接地极
2	焊接电缆	(1) 电焊机电缆外皮完整，绝缘良好、柔软，绝缘电阻不小于 1MΩ。 (2) 电焊机与电焊钳连接应使用软电缆线，长度一般为 20～30m。电焊机电缆线应使用整根导线，中间不应有连接头。当工作需要接长导线时，应用接头连接器牢固连接，连接器保持绝缘良好。 (3) 严禁将电缆搭在气瓶、乙炔发生器易燃物品的容器和材料上。电缆过马路时，必须采取保护措施。 (4) 禁止使用金属构架、轨道、管道、暖气设施、金属物体等搭接起来作为电焊机导线电缆

续表

序号	检查项目	检查内容
3	电焊钳	（1）电焊钳绝缘、隔热性能良好，手柄有良好的绝缘层。 （2）电焊钳与电缆的连接应简单牢靠，接触良好。 （3）在水平45°～90°等方向时电焊钳都能夹紧焊条，更换焊条安全方便。 （4）电焊钳操作灵便，重量不得超过600g。 （5）不准将过热的电焊钳浸在水中冷却后使用
4	埋弧焊操作	（1）埋弧焊用电缆必须符合电焊机额定焊接电流容量，连接部分须拧紧。应经常检查电焊机，保证各部分导线接触良好，绝缘性能可靠。 （2）操作时保持焊剂连续覆盖。灌装、清扫、回收焊剂应采取防尘措施。 （3）电焊机控制箱外壳与接线板上的罩壳必须盖好。 （4）半自动焊的焊接手把应放置稳妥可靠，防止短路。 （5）埋弧自动焊机或半自动焊机发生电气故障检修前，须切断电源。在调整送丝机构或电焊机工作时，手不得触及送丝机构的滚轮
5	气体保护焊操作	（1）电焊机内的接触器、断电器等工作部件，焊枪夹头的夹紧力及喷嘴的绝缘性能等应定期检查。 （2）高频引弧焊机或装有高频引弧装置时，焊接电缆应有铜网编织屏蔽套并屏蔽套应可靠接地。 （3）电焊机使用前检查供气、供水等系统，供气、供水系统不得在漏气、漏水状态下运行。 （4）采用电热器使二氧化碳，气瓶内液态二氧化碳充分气化时，电热器的电压应低于36V，外壳接地可靠。工作结束后立即切断电源和气源。 （5）采用局部通风或劳动保护措施，改善焊工操作环境
6	等离子弧焊割操作	（1）等离子弧割炬应保持电极与喷嘴同心，使供气、供水系统严密不漏。 （2）调节气体流量，保证工作气体和保护气体供给充足。 （3）等离子焊接、切割作业点设置有效排烟通风装置
7	碳弧气刨操作	（1）调节气刨电流，防止电焊机过载发热。 （2）在半封闭容器（系统）碳弧气刨时应设专人安全监护，安排工间休息，并采用通风排毒措施

续表

序号	检查项目	检　查　内　容
8	电阻焊操作	(1) 电阻焊机在密封的控制箱门上应设联锁机构，开门时应使电容短路。手动操作开关应附加电容短路安全措施。 (2) 复式、多工位操作的电焊机，应在每个工作位置上装有紧急制动按钮。 (3) 电焊机的脚踏开关，应设有安全可靠的防护罩。 (4) 施焊时，电焊机控制装置的柜门必须关闭。 (5) 焊缝作业必须注意电机的转动方向，防止其滚动切断手指。 (6) 电焊机放置的场所应保持干燥。外水冷式电焊机的焊工作业应穿绝缘靴（鞋）。 (7) 焊接结束应切断电源，冷却水延长 10min 关闭。冷天应排除水路积水，防止冻结。
9	护具与护品	(1) 焊工各类护具和护品应符合国家有关标准，护目镜和面罩符合规定要求。 (2) 工作服应根据焊接特点使用。工作服不应潮湿、破损，无空洞和缝隙，不允许沾有油脂。焊工不应戴有破损和潮湿的手套。手套符合安全要求，其长度不少于 300mm，并经耐电压 5000V 试验合格后方准使用。防护鞋应具有绝缘、抗热、不易燃等性能，应经耐电压 5000V 试验合格后。 (3) 焊工使用的工具袋（包）、桶完好无孔洞。移动和照明灯具采用 12V 及其以下安全电压，灯具的灯泡备有金属防护网罩。 (4) 焊接现场应设置弧光辐射、熔渣飞溅的预防设施
10	持证上岗	焊接作业人员必须经过专业培训，持证上岗。操作证复审周期 3 年一次，连续从事本工种 10 年以上，严格遵守有关安全生产法律法规的，经原考核发证机关或者从业所在地考核发证机关同意，特种作业操作证的复审时间可以延长至每 6 年 1 次
11	审批办证	在易燃易爆场所焊接动火，进入有危险、危害环境的设备和登高焊接等作业均应按企业规定办理动火作业、进设备作业、登高等作业许可证并落实安全措施后方可进行焊接作业

附录 15.21

交叉作业安全检查主要事项

序号	检查项目	检查内容
1	地面交叉作业	(1) 作业前施工负责人是否明确划分各方施工范围。 (2) 作业前施工负责人是否交代安全注意事项。 (3) 垂直交叉作业是否搭设严密、牢固的防护隔离设施。 (4) 作业区通道是否畅通。 (5) 有危险的出入口处是否设围栏或警告牌。 (6) 在运行区进行交叉作业是否执行工作票制度。 (7) 必要时运行单位派人监护。 (8) 必要时拆除安全设施是否征得原搭设单位的同意。 (9) 工作完成后是否及时恢复。 (10) 是否杜绝乱动非工作范围的设备、机具、设施
2	高处交叉作业	高处交叉作业按高处作业安全检查主要事项进行检查

附录 15.22

简明施工现场安全生产检查主要事项

序号	检查项目	检　查　内　容
1	安全标志标牌	（1）在现场主要区域、危险部位、设施按规定悬挂安全标志和标识。 （2）按部位和现场设施的改变调整安全标志设置。 （3）设置危险性较大的单项工程公示牌
2	安全管理	（1）员工宿舍必须设有符合紧急疏散需要、标志明显、保持畅通的出口，禁止锁闭、封堵员工宿舍出口。 （2）禁止在尚未竣工的建筑物内设置员工集体宿舍。 （3）必须对因工程施工可能造成损害的毗邻建筑物、构筑物和地下管线等采取专项防护措施。 （4）作业人员服从管理，遵守安全生产规章制度或者操作规程。 （5）按已批准的施工组织设计中安全管理措施或危险性较大的单项工程安全专项施工方案组织实施
3	文明施工	（1）建筑材料、构件、料具按总平面布局堆放；料堆应挂名称、品种、规格等标牌；堆放整齐，做到工完场地清。 （2）施工现场应能够明确区分工人住宿区、材料堆放区、材料加工区和施工现场、材料堆放加工应整齐有序。 （3）人、车分流，道路畅通，设置限速标志。场内运输机动车辆不得超速、超载行驶或人货混载。 （4）集体宿舍符合要求，安全距离满足要求。 （5）施工现场进出口应有大门，有门卫，周围设置必要的遮挡围栏
4	安全防护	（1）作业人员按规定戴安全帽，高处作业人员系挂安全带。 （2）洞口和临边的栏杆等安全防护措施规范到位。 （3）按规定在工程外侧布置密目式安全网封闭，网间封闭。 （4）施工机具安全装置齐全，漏电保护和接零保护有效。 （5）电气作业应当穿戴绝缘防护用品。 （6）防护棚搭设与拆除时，应设警戒区，严禁上下同时拆除。 （7）其他危险作业的安全防护措施到位
5	施工用电	（1）外电线路与在建工程（含脚手架）、高大施工设备、场内机动车道之间小于安全距离时采取防护措施。 （2）线路架设或埋设符合规范，禁止沿地面明设，禁止跨越在建工程、脚手架和临时建筑物。 （3）用电设备按照“一机、一闸、一箱、一漏”设置。 （4）潮湿作业场所照明安全电压不得大于 24V；使用行灯电压不得大于 36V；电源供电不得使用其他金属丝代替熔丝。 （5）220V 灯具与地面距离在室外不小于 3m、室内不小于 2.5m，不使用碘钨灯照明。 （6）照明用电与动力用电不混用，施工现场防雷接地措施符合规范

续表

序号	检查项目	检 查 内 容
6	消防管理	（1）易燃易爆物品分类存放。 （2）重点防火部位设置防火标志，消防标志完整。 （3）编制灭火和应急疏散预案并组织演练。 （4）按规定配备相应的消防器材、设施。 （5）消防通道畅通、消防水源有保证。 （6）生产生活用房建筑构件的燃烧性能等级达到A级
7	安全度汛	（1）围堰挡水位标准符合设计要求。 （2）围堰断面及填筑质量符合设计要求。 （3）对上下游汛情、水位和天气预报的收集记录完整及时。 （4）防汛值班正常，汛情水情记录及时。 （5）配备有抢险物资及应急救援设备，适时组织度汛预案演练
8	大型机械设备	（1）安装拆卸单位资质符合要求，有安装拆卸方案，审批手续齐全。 （2）设备运行维护保养记录完整，有合格证或验收合格手续。 （3）应设防雷装置的按规范要求设置，接地电阻符合规范。 （4）有安全保险或限位装置，机械传动部位有防护。 （5）专人持证操作，有专人指挥，有可靠通信对讲系统
9	其他	（1）开挖深度2m及以上的基坑周边按规范要求设置防护栏杆。 （2）基坑边荷载与基坑边沿的安全距离符合设计要求。 （3）基坑底四周设排水沟和集水井，降排水措施及时有效。 （4）无上下交叉作业或采取充分有效的安全防护措施。 （5）有限空间作业保障通风换气或佩戴呼吸保护器具。 （6）起重吊装作业遵守“十不吊”规定。 （7）现场所需的其他安全生产措施齐全、规范、有效
10	其他	法律法规、规章、规程规范及设计文件规定的其他检查内容

注 本表可供（不涉及重大危险源的）小（微）型水利工程检查时使用。